"一带一路"

沿线国家农村能源技术评估

王久臣　刘　杰　主编

中国农业科学技术出版社

图书在版编目（CIP）数据

"一带一路"沿线国家农村能源技术评估/王久臣，刘杰
主编.—北京：中国农业科学技术出版社，2017.10
　ISBN 978-7-5116-3284-5

　Ⅰ.①—… Ⅱ.①王…②刘… Ⅲ.①农村能源—技术评估—
世界 Ⅳ.①S21

　中国版本图书馆CIP数据核字（2017）第241844号

责任编辑　崔改泵　李　华
责任校对　贾海霞

出 版 者　中国农业科学技术出版社
　　　　　　北京市中关村南大街12号　　邮编：100081
电　　话　（010）82109708（编辑室）　（010）82109702（发行部）
　　　　　　（010）82109709（读者服务部）
传　　真　（010）82106626
网　　址　http:// www.CASTP.cn
经 销 者　全国各地新华书店
印 刷 者　北京富泰印刷有限责任公司
开　　本　710mm×1 000mm　1/16
印　　张　8.5　　彩插　8面
字　　数　175千字
版　　次　2017年10月第1版　　2017年10月第1次印刷
定　　价　70.00元

《"一带一路"沿线国家农村能源技术评估》

编委会

主　　编：王久臣　刘　杰

副 主 编：裴占江　史风梅　黄　波

编写人员：王　粟　卢玢宇　高亚冰　左　辛

　　　　　王大蔚　赵　欣

在当今中国经济转型升级的关键时期,"一带一路"战略是中国政府主动应对全球形势深刻变化、统筹国内国际两个大局做出的重大战略决策。农村清洁能源技术应用和推广是"一带一路"沿线国家共同面临的问题,是保障农民生活、发展生产、创造社会财富不可或缺的要素,是促进农村经济繁荣和健康持续发展的关键。本书通过实地调研、材料收集、专家咨询、案例分析等形式,收集并总结了"一带一路"沿线国家清洁能源利用现状、技术、模式及发展需求;同时结合"一带一路"沿线国家村镇经济水平、资源禀赋及清洁能源需求现状,对农村清洁能源技术在"一带一路"沿线国家推广的可行性进行了分析,并提出了具体建议。该研究对指导农村清洁能源在"一带一路"沿线国家实际应用具有重要现实意义。

首先,本书依据新型城镇化进程、传统农村用能转型和资源禀赋型的农村清洁用能建设规划案例,结合中国农村清洁能源应用过程中生产、供应、消费、废弃物处理 4 个重要环节,分析了中国农村清洁能源利用现状、发展潜力、相关政策法规和产业规模等情况,总结了太阳能、风能、生物质能等主要的农村清洁能源技术发展现状,提出了中国农村清洁能源分散、集中、循环的发展模式。

其次,本书通过对东亚、南亚、东南亚、中东、中东欧等"一带一路"沿线国家的农村清洁能源利用现状的调查分析,明确了各国农村清洁能源发展方向与需求,为中国农村清洁能源技术向"一带一路"沿线其他国家推广合作奠定了理论基础。东亚地区能源储量大、地广人稀、能源需求小、基础设施较差,因此,建设自给自足的分布式太阳能和风能是其农村清洁能源发展的主要方向;南亚、东南亚地区村镇人口多、发展水平落后、能源需求矛盾突出,因此,优化用能结构,提升清洁能源发展建设水平,升级清洁能源循环利用模式是其农村清洁能源发展的主要方向;中东、中东欧地区能源储备丰富,城镇化水平较高,但因其不断上升的能耗需求,清洁能源发展也十分迅速,因此,建设规模化、集中式的大型清洁能源利用技术及配套设施是其农村清洁能源发展的主要方向。

最后，本书根据"一带一路"沿线国家区域特色、经济水平、资源禀赋及清洁能源需求现状，结合"一带一路"沿线国家政府和企业之间的关系、投融资体系的建立、网络化平台的建设、人才队伍的培养等方面的实际，提出了农村清洁能源技术在"一带一路"沿线国家推广可行性分析及建议，为中国农村清洁能源技术与"一带一路"沿线其他国家的合作与发展提供了理论基础。

本书符合 GEF 气候变化战略，响应中国政府鼓励"一带一路"沿线国家大力发展农村清洁能源的发展战略，通过一系列的项目活动，为农村清洁能源技术在"一带一路"沿线国家推广提供了发展建议，探索了有用的经验和方法。同时，本书的实施将为"一带一路"沿线国家推广农村清洁能源利用提供技术支持与分享，对推动全球范围清洁能源的发展意义重大。

本书参考和引用了大量相关文献，其中大多数已在书中注明出处，但难免有所疏漏。在此，向有关作者和专家表示感谢，并对没有标明出处的作者表示歉意。

本书的出版由农村清洁能源技术"一带一路"推广可行性研究（00059500 RCF1605）和"十三五"科技支撑项目（2016YFD0501403）共同资助完成，在此一并表示诚挚的感谢。

本书理论联系实际，是农村清洁能源技术研究和开发利用的参考书，也可供农村能源工作者参考阅读。尽管本书在撰写过程中力求逻辑严谨，内容充实，但书中缺点和错误在所难免，恳请各位专家、同仁和广大读者及时批评指正。

编者

2017 年 7 月

◆ 目 录

1 "一带一路"的战略地位及其重要性

1.1 "一带一路"战略是我国对内深化改革和对外开放的重要举措

自改革开放以来，我国经济经历近 40 年的快速增长，已成为仅次于美国的全球第二大经济体。但是在人口资源、地理区位、资源禀赋、发展方式等多重因素的影响下，我国现阶段的经济发展模式难以为继，并积累了一系列深层次的发展矛盾：全球金融危机后出口导向模式的经济发展方式因外部需求的下降而亟待转变；粗放发展模式下的总体资源利用率不高，生产效率低下；GDP 快速增长下巨大的环境与资源压力；收入分配不均导致尖锐的社会矛盾；区域间发展不均衡愈加明显。与此同时，日趋强烈的国际贸易保护和动荡起伏的能源价格助推中国经济的结构性矛盾和产能过剩压力。我国已进入经济转型升级的关键期，产业结构调整和发展方式转变成为我国经济持续发展的必然选择。

"一带一路"战略是我国主动应对全球形势深刻变化、统筹国内国际两个大局做出的重大战略决策。《推动共建丝绸之路经济带和 21 世纪海上丝绸之路的愿景与行动》的发布，使"一带一路"战略进入全面推进的阶段。"一带一路"战略的实施对我国经济持续、稳定的增长十分重要。在当前我国经济转型升级的关键期，要彻底改变世界工厂的格局，需要优势资源和有利政策的推动，以拉动内需、扩大出口。在此形势背景下，"一带一路"战略的构建对我国企业"走出去"经济战略的实施具有重要的推动作用，为我国经济的持续快速发展提供新的可能，具体表现在以下 4 个方面。

1.1.1 "一带一路"战略可以扩大国内需求

"一带一路"战略提出的优惠政策能够吸引大量企业落户，并形成产业聚集，而产业聚集又能够带动贸易、金融、服务、旅游等行业的发展，为区域经济的发展带来新的生机。此外，"一带一路"战略的建立也会对沿线城市形成巨大影响，大量的商贸往来、人员交流促进沿线城市的基础设施建设、金融贸易和商业地产的发展，带动各省份和城市的经济发展。产业的发展会极大地拉动内需，增加沿线城市的就业和税收。

1.1.2 "一带一路"战略可以扩大对外出口

"一带一路"战略在出口货物数量管制、金融外汇管理、金融自由化、进出口关税等方面享受着国家的优惠政策。在这些优惠政策的影响下，许多跨国公司选择将"一带一路"战略沿线省份作为自己的物流分拨中心，进行全球范围内的物资调配，聚集巨大的贸易流，这有利于国际贸易的发展。此外，"一带一路"沿线国家的巨大需求和便利的商贸环境也能够推进我国对外出口规模的扩大。

1.1.3 "一带一路"战略可以调整我国的经济结构

"一带一路"战略具有得天独厚的天然优势，使其成为众多跨国企业及高新科技企业的首选之地。高新科技企业的引入能够带来先进的生产技术和管理方式，对"一带一路"沿线城市中的本地企业起到带头示范作用，也促进区域内相关配套产业的发展。同时，大量企业的入驻能够带动劳动力的需求，增加就业。"一带一路"战略的实施必将带动金融、商贸、保险、交通、餐饮、住宿等众多产业的大发展，改变"一带一路"战略沿线省份和城市经济发展模式，推动其经济结构转型升级。

1.1.4 "一带一路"战略可以扩大对外开放水平，参与国际分工与合作

"一带一路"战略为我国东部地区产业转移和化解过剩产能提供更为广阔的空间，推动低端制造业的区域转移，优化沿海地区外贸结构。在电力、高铁、工程、机械、汽车产业等我国相对成熟的工业领域拓展国际竞争力，最终在与沿线各国的经贸合作与经济交流中推动经济对外开放水平，从而稳步促进我国经济质量效率集约增长。

1.2 "一带一路"战略是促进经济一体化的重要途径

近年来，中国加强与"一带一路"国家的双边贸易交往，这也是中国对外经贸交往的重要内容。"一带一路"建设是中国促进沿线国家经济一体化发展的重要途径，沿线的 65 个国家、44 亿人口大部分都处在工业化和新型城镇化时期。这些沿线国家大多基础设施陈旧落后，资金缺口大，技术储备不足，"一带一路"发展战略可以为这些国家带来巨大的发展机遇。一方面，这些国家对于城市基础

设施建设、产能合作、经济结构转型、升级都有共同的需要。另一方面，这65个国家的基础设施建设和结构调整都需要资金。因此，中国发起"一带一路"倡议不仅是为自身调整结构、推动过剩产能"走出去"提供出路，也符合"一带一路"沿线65个国家的共同利益和共同发展。

"一带一路"连接亚太经济圈和欧洲经济圈，被认为是世界上最长、最具潜力的经济大走廊。"一带一路"沿线国家多为新兴经济体和发展中国家，普遍处于经济发展的上升期。仅"一带一路"沿线国家的国内生产总值就占到世界生产总值的55%左右，并拥有70%的世界人口和75%的探明能源储量，加上快速的发展速度使"一带一路"有望成为世界经济发展的大动脉。

沿线国家如巴基斯坦、蒙古、土耳其等，对"一带一路"发展战略关注度较高。其中，蒙古非常积极，因为蒙古是个内陆国家，"一带一路"使蒙古可以通过中国获得出海口，带动对外贸易，拉动本国经济的发展。伴随着推动落实"一带一路"重大合作倡议，中国将全面推进新一轮对外开放，为亚洲乃至世界经济发展带来新的机遇和空间。对老百姓来说，中国经济持续增长，国民收入增长就有保证，老百姓的生活质量就会提高，对其他沿线国家和地区的老百姓来说也带来实惠，可以享受物美价廉的商品，提高和改善人们的生活。正是"一带一路"战略把"中国梦"与沿线国家人民追求幸福生活的梦想连接起来。从这个意义上说，"一带一路"战略是促进共同发展、实现共同繁荣的互利共赢之路，是增进理解信任交流的和平友谊之路。

当然，"一带一路"战略也是一项长期而艰巨的任务，机遇与挑战并存。当前世界经济仍处于波动之中，复苏依然乏力，我国经济发展也面临下行压力，这就需要多国携手，同舟共济，发挥比较优势，共绘世界经济发展蓝图。"一带一路"战略给中国和沿线其他国家提供了互利共赢的发展思路。

1.3 能源合作是"一带一路"战略的重要内容

"一带一路"是我国深化与周边地区区域合作的战略构想，包括经济、社会、文化等诸多方面，而能源问题一直是各国内政、外交战略的重要部分。当下，中国正在从全球第二大经济体继续攀升，并且必将承担越来越大的国际责任。一方面，经济增长面临巨大转型挑战，产能过剩、外汇资产过剩、油气资源和矿产资源的海外依存度过高，其中，石油对外依存度已超过60%；另一方面，对外投资需求日渐崛起，以油气和矿产资源为纽带的通道建设，可以提升沿线地区的基础设施建设和商业投资，而"一带一路"沿线国家，特别是中亚和西亚，有旺盛的投资需求及优良的油气资源禀赋，整个区域有显著的优势互补空间。

科技部、国家发展改革委、外交部、商务部联合发布的《推进"一带一路"建设科技创新合作专项规划》已将能源合作作为"一带一路"科技创新合作的重点领域，尤其是加强符合"一带一路"沿线国家实际情况的太阳能、生物质能、风能、海洋能、水能等清洁能源的研发、推广与合作。现如今，非再生能源资源枯竭和环境污染给人类生存带来严峻考验，尽管化石能源依旧占据主导地位，但可再生的清洁能源发展迅猛。大部分国家把开发利用清洁能源，尤其是可再生的清洁能源作为保障国家能源安全、应对气候变化、实现可持续发展的优先路径。核电、风电、水电、太阳能、生物质能等清洁能源以其清洁、高效的优势，逐渐被越来越多的国家所重视。我国对外承包工程企业凭借自身丰富的项目经验和技术优势，已经在水电、风电等清洁能源领域与"一带一路"沿线许多国家建立合作关系，并且进一步深入发展合作关系的前景明朗。

推动可再生清洁能源发展，可以有效地帮助缺乏化石能源的"一带一路"沿线发展中国家提高能源可获得性，缓解能源贫困问题。应该因地制宜促进可再生清洁能源开发，如与东南亚各国对跨境河流进行共同开发、综合利用；在塔吉克斯坦和吉尔吉斯斯坦合作开发水电站；在中亚、南亚国家推广风能、太阳能发电；在东南亚、南亚各国推动沼气、生物乙醇、生物质发电。同时，加强可再生清洁能源扶贫，帮助沿线各国建设分布式风电、光伏、光热、地热能等可再生清洁能源设备装置，推广零能耗、微能耗的教学楼、图书馆、博物馆等公共基础设施，提升电网对可再生能源消纳能力，加强与东南亚、东北亚区域电网互联互通，制定统一的区域电力技术标准、调度机制、定价体系。

"一带一路"沿线国家迫切需要引进可再生清洁能源的技术和设备，充分利用本国的风能、太阳能和生物质能以提高能源自给率，而我国自然资源相对匮乏，技术又较为先进，与沿线各国形成优势互补，使共同开发可再生清洁能源达成互利互惠的共识。

1.4 农村清洁能源是"一带一路"能源合作的重要组成部分

"一带一路"沿线国家大多是发展中国家，农业人口和农业用地占比较大。广大的农村地区因长期缺乏商品性能源产品，农村当地居民主要依靠可再生的自然资源提供能源，如生物质能（包括作物秸秆、人畜粪便、薪柴以及沼气等）、水电、太阳能、地热能等。农村能源的匮乏是"一带一路"沿线国家面临的共同问题，农村能源的可持续供给是区域经济发展的必要保障。

随着各国农村的经济发展，农民生活水平日益提高，农村对能源的需求也不断加剧。因此，农村地区必须在村庄规划中充分考虑到对农村能源的开发与利用，从战略高度重视农村能源基本设施建设。能源是发展中国家可持续发展战略的特殊领域，是保障农民生活、发展生产、创造社会财富不可或缺的重要因素之一，与农村生产和农村生态环境息息相关，对农村经济发展具有决定性的影响。"一带一路"沿线国家能源市场并未有效发挥作用，尤其是有近 20 亿人口的农村地区，还有很多地方根本没有电力或者诸如石油与煤气之类的现代能源，在这些地区消耗的能源有 1/3 来自生物质能。"一带一路"沿线国家有非常丰富的农业清洁能源资源，但是面对农村地区能源需求缺口较大、能源利用率低的现状，以及发电设备不足、老化等问题，这些国家的农村地区面临着巨大的能源隐患。

我国与"一带·路"沿线其他国家的农村清洁能源合作具有明显的互补性。如东南亚、中东和中亚地区光热资源充足，年均日照时间超过 2 000h，适合太阳能产业发展。但是，这些地区由于技术和资金问题只能够建设家用的小型太阳能设备、日常家用的热水器，还没有建设充足利用太阳能的大型发电设备，造成光热资源的大量浪费。中东欧地区热能、风能储量丰富，但该地区的农村可再生清洁能源的利用率仍然不高，在改善老化的电力基础设施和提高效率方面将继续面临挑战。东南亚的生物质能资源十分丰富，每年可供利用的生物质能资源总量相当于 10 亿 t 煤的能源，东南亚的生物质能资源装机总量在不断提高，但是仍不能充分利用当地的生物资源，造成生物质能资源的浪费。我国虽然不具备极为丰富的光热资源和生物质能资源，但是在电力基础设施建设领域的经验却十分丰富，建设技术也达到较高水平。

近年来，我国高度重视并不断加大对农村清洁能源建设的投入，政策体系初步形成，技术水平快速发展，产业实力明显提升，市场规模不断扩大，并且取得显著效益。经过多年的科学研究和生产应用，具有中国特色的沼气技术逐步成熟。我国已研究出适应不同气候、原料和使用条件的标准化系列池型，同时，将农村沼气技术与种植业、养殖业等农业生产技术结合起来，逐步形成农村循环经济发展模式。同沼气研究一样，我国在节能炉具、太阳能热利用、生物质固体成型燃料技术领域取得显著成果，并积累了一定的研究经验。在农村中小水电站建设、中小型风电站建设和无电地区电力工程建设方面也取得了明显进步。我国在农村清洁能源发展的相关经验和技术积累可以为"一带一路"沿线其他国家提供帮助，可以有效解决这些国家农村能源面临的问题。我国与"一带一路"沿线其他国家，在农村能源开发、建设、利用等方面可以优势互补，各国之间的能源合作充满机遇与挑战。

2 中国农村清洁能源利用现状及相关政策

2.1 中国农村清洁能源利用现状

2.1.1 农村清洁能源产业规模

近年来，我国以沼气、生物质能和太阳能为重点的农村清洁能源开发利用工作取得了可喜的成绩，发展十分迅速。据统计，我国节煤炉灶保有量超 1.3 亿户，节能炉近 4 000 万户，节能炕 2 000 多万铺；农村户用沼气 4 000 余万户，年产沼气约 140 亿 m^3，受益人口达 1.6 亿人，另有大中型沼气 3 700 余处，处理农业废弃物的沼气工程 8 万余处，总池容 1 106 万 m^3，年产沼气 14.4 亿 m^3；秸秆气化集中供气近 1 000 万 m^3，秸秆固化成型燃料工程 800 余处，年产成型燃料约 400 万 t。另外，我国农村地区累计推广太阳能热水器、太阳能暖房约 1 万 m^3，太阳能灶 200 多万台。目前，我国主要农村清洁能源技术使温室气体减排量达 8 500 万 t 二氧化碳，并形成相对比较完善的从中央到地方的管理与推广、研究与开发、培训与质检体系，从业人员不断增加，建立健全全国农村清洁能源管理推广服务体系。

另外，我国具有农村清洁能源产品专业生产企业近 6 000 家，行业产值近 400 亿元（人民币），其中沼气灶具及配套产品生产企业就有数百家，灶具、管材、配套零件和脱硫装置年生产能力 1 000 万套。

2.1.2 农村清洁能源碳交易项目开发

随着我国碳交易市场的建立及试运行，农村清洁能源碳交易项目开发也取得实质性的进展。例如，湖北恩施户用沼气 CDM 项目注册，年核证减排量约 6 万 t 二氧化碳当量，每个沼气农户年平均可获得减排收入 170 多元（人民币），其中 60% 发给农户，18% 用于技术服务，22% 用于监管费用。另外，山东民和牧业有限公司沼气工程 CDM 项目注册，该工程共建设 2.64 万 m^3 沼气发酵装置，年减排温室气体可达 8.68 万 t 二氧化碳当量,年获得减排收入可达 700 万元。2011年,山西一家公司的生物质清洁炉灶,利用农作物秸秆等替代户用燃煤实现减排,推广应用达 7 000 台,以取代传统燃煤炉,该项目被核证批准进入碳交易项目。

2.1.3 农村清洁能源的消费意愿分析

我国农村清洁能源建设得到长足发展,针对黑龙江省兰西县、鸡西市及重庆市等部分地区农村清洁能源应用及覆盖情况,及其农户对清洁能源消费的意愿进行调查(表 2-1),该地区清洁能源覆盖率约 50%,其中沼气覆盖率达到 15%,太阳能覆盖率超过 40%。采用 Logistic 模型,对使用和未使用清洁能源的用户,以农户是否对清洁能源消费有意愿作为因变量,以农户年龄、受教育程度、家庭收入、地理环境、是否了解清洁能源、住房条件、原料供给、国家补贴政策、技术扶持和指导等情况作为自变量,进行消费意愿分析,得出农户的年龄、家庭收入、国家补贴政策、技术扶持和指导以及原料问题是决定农户消费农村清洁能源产品意愿的主要因素。

表 2-1 农村清洁能源应用情况

调查对象	调查农户(户)	应用沼气	应用太阳能	应用其他清洁能源
A	50	2	3	32
B	50	0	36	36
C	50	9	30	32
D	50	18	7	25
E	50	16	14	20

2.2 农村清洁能源的重要性

2.2.1 农村清洁能源在中国的战略地位及其重要性

中国幅员辽阔,是世界第一人口大国,其中约有 7.5 亿人口居住在广大农村地区,占总人口数的 57.01%。党中央和国家领导人高度重视"三农"问题,中央一号文件连续 13 年聚焦"三农"。最新的 2016 年中央一号文件着重强调要推动农业农村的绿色发展,促进全面实现小康目标。如何实现农村用能清洁化是实现绿色发展的重中之重。

2.2.1.1 农村清洁能源是加快生态环境保护,应对气候变化的有效手段

我国传统用能消费方式主要以化石等一次能源为主,主要污染物排放总量和二氧化碳等温室气体排放量均居世界前列,这对我国生态环境已经造成了极大的

威胁。生态环境难以继续承载粗放式的用能方式，加之应对气候变化的国际压力日趋增大，迫切需要向清洁能源转型发展。

目前，农村地区能源消耗总量约占社会能源消费总量的40%，其中煤炭消耗4.6亿t，另外，散煤、秸秆等能源几乎全部低效直燃而且没采取任何环保措施，这是导致我国农村生产生活环境恶劣的主要原因。利用区域资源禀赋优势，大力发展农村清洁能源，可有效降低二氧化碳排放，减少资源浪费，变废为宝，是推动节能减排和生态环境保护的战略举措之一，是实现低碳发展，促进农村生态文明建设的有效途径之一。

2.2.1.2 农村清洁能源是改善能源结构，保障国家能源安全的重要途径

2015年，我国能源消费总量约为43亿t标准煤，是全球第一大能源消费国，占世界能源消费总量的23%左右，能源消费结构仍以化石能源为主，其中原煤约占67%、原油约占18%、天然气占5%，水电、风电、太阳能和生物质能等清洁能源仅占8%左右。我国一次能源储量迅速减少，石油和天然气等能源对外依存度不断提高，能源安全保障压力十分巨大。

在我国广大农村地区，传统能源方式的消费构成中，炊事采暖用能约占60%，主要依靠煤炭和生物质直接燃烧。尤其在北方地区，冬季寒冷，生物质直燃、煤、柴成为主要采暖燃料。利用农村清洁能源技术，优化能源利用结构，提高能源利用效率，部分替代化石能源消费，是增强我国能源安全，促进我国能源、经济和环境协调可持续发展的重要举措之一。

2.2.2 农村清洁能源是推进新农村和城镇化建设的重要举措

我国是农业大国，但农村地区的社会经济发展水平相对较低，基础设施较落后，环境卫生条件较差。发展农村清洁能源，不但可以增加农村地区能源供应，逐步改变农村长期低效的用能方式，改善农村环境状况，提高农民生产生活水平，还可以延伸传统农业产业链，提高农业生产效益，对促进农民就业，加快城乡一体化进程都具有重要意义，符合我国"四化同步"的发展道路。

2.3 农村清洁能源相关政策法规

2.3.1 农村清洁能源相关投资补贴政策

我国中央财政关于投资补贴可采取财政补贴、以奖代补、贷款贴息等方式支持农村清洁能源建设。例如，相关部门相继出台《农村沼气项目建设基金管理办法》《关于做好秸秆沼气集中供气工程试点项目建设的通知》等一系列沼气项目

补贴、财政支持、税收优惠等相关政策；启动乡村服务网点和县级服务站建设项目，为农村沼气持续健康发展提供稳定的资金保障，"十一五"期间，国家共投入资金 202 亿元。

针对推进秸秆能源化利用，国家采取综合性补助方式，支持从事秸秆成型燃料、秸秆气化等企业，共投入补贴资金 2 亿元；另外，2009 年，太阳能热水器被列入到我国家电下乡政策补贴范围内，太阳能这一清洁能源快速走进农村，并带来一场能源利用升级的风暴。

2009 年，我国开始组织绿色能源县建设工作，相继对全国不同地区 108 个县（市）进行清洁能源投资建设工作，主要包括沼气集中供气工程、生物质气化多联产工程、生物质成型燃料、太阳能路灯、太阳能暖房和节煤炉灶等可再生能源开放利用项目工程，以及相应的服务体系。

2.3.2 农村清洁能源相关标准

农村清洁能源种类繁多，因此，我国农村清洁能源相关标准多而杂，主要包括：《小型风力发电机技术条件》（GB 10760.1—1989）、《民用建筑太阳能热水系统评价标准》（GB/T 50604—2010）、《民用建筑太阳能应用技术规程》（DGJ 08—2004A—2006）、《真空管太阳集热器》（GB/T 17581—1998）、《大中型沼气工程技术规范》（GB/T 51063—2014）、《农村家用水压沼气池施工操作规程》（GB/T 4572—1984）、《农用醇醚柴油燃料》（NB/T 34013—2013）、《微型水力发电设备基本要求》（GB/T 17522—1998）、《户用农村能源生态模式设计施工和使用规范》（NY/T 466—2001）、《秸秆气化供气系统技术条件及验收规范》（NY/T 443—2001）等国家和行业标准，国家与行业标准的制定实施，对农村清洁能源的推广起到关键性作用，对农村清洁能源的应用起到技术性的支持作用。

2.3.3 农村清洁能源相关法规

我国对农村清洁能源的重视程度逐步加大，在法律法规上也所体现。我国有关农村清洁能源的法规有：《中华人民共和国农业法》《中华人民共和国节约能源法》《中华人民共和国可再生能源法》《中华人民共和国退耕还林条例》。《中华人民共和国农业法》第五十七条提出，发展农业和农村经济必须合理利用和保护土地、水、森林、草原、野生动植物等自然资源，合理开发和利用水能、沼气、太阳能、风能等可再生能源和清洁能源，发展生态农业，保护和改善生态环境。《中华人民共和国节约能源法》第五十九条明确指出，国家鼓励、支持在农村大力发展沼气，推广生物质能、太阳能和风能等可再生能源利用技术，按照科学规划、有序发展的原则发展小型水力发电，推广节能型的住宅和炉灶等，鼓励利用非耕地种植能源植物，大力发展薪炭林等能源林。《中华人民共和国可再生能源法》指出，国家鼓励清洁、高效地开发利用生物质燃料，鼓励发展能源作物。国家鼓励和支持农村地区的可再生能源开发利用。县级以上地方人民政府管理能源工作的部门会同有关部门，根据当地经济社会发展、生态保护和卫生综合治理需要等实际情况，制定农村地区可再生能源发展规划，因地制宜地推广应用沼气等生物资源转化、户用太阳能、小型水能等技术。县级以上人民政府应当对农村地区的可再生能源利用项目提供财政支持。《中华人民共和国退耕还林条例》指出，地方各级政府应根据实际情况加强沼气、小水电、太阳能、风能等农村能源建设，解决退耕还林者对能源的需求。

3 中国农村清洁能源的发展潜力和应用现状

3.1 中国农村清洁能源的发展潜力

3.1.1 风能

风能是空气流动中产生的动力能源，具有分布广泛、蕴含量大、清洁可再生的特点。利用风能进行发电，所需成本相对稳定，一次性投入即可长久利用。

我国幅员辽阔，风能资源丰富，分布广泛（彩插图3-1）。我国离地面10m高度风能资源潜在开发量约32.3亿kW，其中陆上技术开发量约2.5亿kW，近海技术开发量约7.5亿kW；离陆上50m高度达到3级以上风能资源潜在开发量约25.6亿kW，技术开发量20.5亿kW；陆上离地面70m高度，资源潜在开发量约30.5亿kW；而5~25m水深线以内近海区域，海平面以上50m高度可装机容量约2亿kW。我国部分地区陆上风力资源量（陆上70m高度）如表3-1所示。

我国风能资源的地理分布存在差异性。我国现有风场场址年平均风速均达到6m/s以上，根据风速频率、资源潜力和机组功率曲线等条件，我国风能资源主要分布于：① 沿海及其岛屿地区，包括山东半岛，辽东半岛，黄海和南海沿岸，海南岛及南海诸岛等地区，年有效风能功率在200W/m²以上，特别是东南沿海，风能功率密度可达500W/m²以上，可利用小时数在7 000~8 000h。② 东北、华北、西北地区，其风能功率密度在200~300W/m²，内蒙古部分地区，功率密度可达500W/m²以上。③ 其他特殊地形地区，我国内陆其他地区，风能功率密度一般在100W/m²左右，但在部分湖泊、山川等特殊地形的小范围地区，也会有相对较大的风能资源，如青藏高原，年平均风速在3~5m/s。

表 3-1　中国部分地区陆上风力资源量（陆上70m高度）

行政区划	潜在开发量（MW）	技术开发量（MW）	技术开发面积（km²）
河北	8 651	4 188	11 870
山西	3 791	1 598	5 032
内蒙古	163 126	145 967	394 919
辽宁	7 824	5 981	20 409
吉林	7 985	6 284	22 675
黑龙江	13 415	9 651	29 580
江苏	373	370	926
浙江	353	209	642
福建	1 222	955	2 664
江西	541	310	876
山东	4 028	3 018	8 772
河南	916	389	1 226
广东	2 216	4 249	4 249
广西	1 522	2 151	2 151
四川	1 248	340	1 040
贵州	1 372	456	1 705
云南	4 972	2 066	6 273
甘肃	26 446	23 634	61 342
陕西	1 970	1 115	3 302
宁夏	1 777	1 555	4 417
青海	2 407	2 008	6 585
新疆	47 543	43 555	111 775

　　同时，我国风能资源季节性相对较强，冬春的冷空气和夏秋的台风影响是形成我国风能资源丰富带主要原因之一。例如在内陆，秋、冬两季受蒙古高压影响，冷空气南下，我国三北地区受冷风过境影响，可出现6~10级大风；春季受蒙古高压、印度洋和太平洋低压等气流交汇影响，北方地区气旋活动较多，易造成大风扬沙天气，而南方则多为雨季；夏季由于高低压差减小，全国各地风速相对较小。另外，在沿海地区，东南沿海风能资源丰富，主要受我国台湾海峡影响，冷空气南下经过海峡的狭管效应，风速增大，而夏秋季节又受热带气旋影响，产生台风，形成大量风能资源。

　　近年来，我国风能利用体系，尤其是风电已进入大规模开发利用阶段，技术装备水平显著提升，装机容量增速和装机总量均居世界前列，是中国仅次于火电、水电的第三大电源。自1995年，我国风电累计装机容量仅为44MW，2010年我国新增装机容量18 928MW，累计装机容量升至44 730MW，跃居世界第一。截至2015年，中国新增风电机组16 740台，新增装机容量30 753MW，累计装机容量已达145 362MW，较2014年增加了26.8%，如图3-1、图3-2所示。

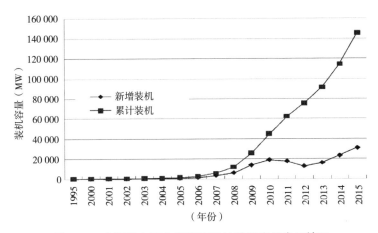

图 3-1 中国风电产业新增和累计装机容量发展情况

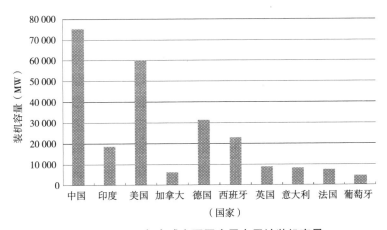

图 3-2 2012年全球主要国家风电累计装机容量

从区域角度看,中国西北、华北地区风电发展较快,其中内蒙古、新疆、甘肃、河北处于领先地位,2015 年,累计装机容量分别达到了 25 668MW、16 251MW、12 629MW 和 11 030MW,约占全国累计装机容量的近 50%。而累计装机超过 1 000MW 的省份达到 24 个,累计装机容量超过 5 000MW 的省份 11 个(彩插图 3-2)。

随着我国风能利用的快速发展,装备制造和配套零部件专业化产业链已逐步形成,且日渐壮大和成熟。目前,我国具备大型风电机组批量生产能力的企业达 20 余家,叶片制造、发电机制造、机组轴承制造、变流器和整机控制系统制造等相关企业近 200 家,生产的大中小型风力发电机组年出口可达 2 万台以上,出口机组容量达 2.2MW 以上,畅销亚洲、美洲等地,部分风电机机组制造商已在国外建立分厂。

根据《中国风电发展路线图 2050》发展规划，预计到 2050 年，我国风电装机将达 10 亿 kW，满足 17% 的国内电力需求，2020 年后，国内风电价格将低于煤电价格，风力发电补贴政策逐步取消。2030—2050 年，每年新增装机 3 000 万 kW。

目前，我国风能利用率仅为 5% 左右，发展潜力巨大，但风能开发利用还是受到一定制约，主要包括：① 资源分布不均匀。② 风速稳定性不足。③ 风能转化效率相对不高，受技术制约和并网限电的制约，我国年平均弃风损失电量可达 148.84 亿 kW·h，弃风率达到 8% 左右。

如何提高我国风能利用率，发展风能利用产业，是实现中国可再生能源中长期发展规划和风能发展路线的关键。

（1）合理规划风能发展区域。结合我国风能资源分布，以发展"三北"地区陆上风电为主，该区域风能资源丰富，人口密度较小，经济发展和城镇化进程相对缓慢，农村地区清洁能源供应需求更为迫切。对于城镇化发展密集地区，如东南沿海，航运港口交错，机会成本较高，近海大中型风电发展应以示范为主，逐步推进，从而最终实现东中西部陆上风能和近远海风电全面发展。

（2）大力发展多种形式的风能利用技术。我国东南沿海地区村镇工业发展迅速，农业生产和生活用电相对紧张，而内蒙古、甘肃和青海等地区人口分散，村镇电网系统落后。相对于大中型风电技术，我国应大力开发农村地区的风能利用，且潜力十分巨大。在发展风电并网的同时，应因地制宜，着力在广大农村发展户用离网发电、风力提水、风力制冷供暖等技术。这是提高风能资源利用率，降低城镇电能压力，减缓风电并网制约瓶颈的有效途径。

（3）建立多能互补的农村风能利用模式。村镇是我国风能技术应用推广的主要区域，发展潜力巨大。风能的发展应充分考虑区域资源禀赋，产业结构需求，人为环境、生态环境等因素，应由单一风力发电开发发展到多能互补，如"风—光"互补，"风—光—柴"互补，"风—柴"互补等，从而充分发挥风能资源利用率，解决村镇清洁能源供给需求。

3.1.2　太阳能

太阳是一个无限的能量来源，而太阳能是一种清洁、灵活、便利的能源形式，具有可持续性、广泛性、安全性、长久性的特点。我国太阳能资源较为丰富（彩插图 3-3），国土面积 2/3 以上的地区年日照时数大于 2 200h，年辐射量在 5 000MJ/m² 以上，全国太阳能辐射总量可达 3 350~8 370MJ/m²，相当于 24 000 亿 t 标准煤的储量。

根据太阳能资源评估分类，我国太阳能资源地区分为四类，其中一、二、三类为资源丰富或较丰富地区，年辐射总量均高于 5 000MJ/m²，具有利用太阳能的良好条件,而四类地区太阳能资源条件相对较差,不适宜大规模开发利用(表 3-2)。

表 3-2　中国太阳能资源分类

类型	地区	年日照时数(h)	年辐射量(MJ/m²)
一	青海西部、甘肃北部、宁夏北部、新疆东南部、西藏西部等地	3 200~3 300	6 680~8 400
二	河北、陕西北部、内蒙古南部、宁夏南部、甘肃南部、青海东部、西藏东部、新疆南部等地	3 000~3 200	5 852~6 680
三	山东、河南、山西、新疆北部、吉林、辽宁、黑龙江、云南、广东南部、福建南部、江苏等地	2 200~3 000	5 016~5 852
四	湖北、湖南、福建北部、浙江、江西、广东北部、安徽、四川、贵州等地	1 000~2 200	3 344~5 016

目前,我国太阳能资源理论储量为 147×10^{14}kW·h,技术开发量为 40.7×10^{14}kW·h,开发利用率仅为 50% 左右,发展潜力巨大。同时,太阳能资源受季节、海拔高度、地域、气候的影响,从地理分布来看,我国太阳能资源呈现西部多于东部、高原多于平原、内陆多于沿海、干燥区多于湿润区的现象。以"三北"地区和中东部地区为代表的西藏、青海、新疆、内蒙古大部、山西、陕西、河北、山东、辽宁、云南,以及广东、福建、海南部分地区,太阳辐射较为富集,其中西北地区太阳能资源开发潜力最大,占全国总量 35%,西南地区次之,占全国总量的 26%(表 3-3)。

表 3-3　省(市、自治区)太阳能资源储量

省份	储量(10¹²kW·h)	技术可开发量(10¹²kW·h)	总面积(10³hm²)	未利用面积(10³hm²)
河北	57.7	12.4	18 843	4 047
山西	46.1	14.9	15 671	5 061
内蒙古	355.1	46.7	114 512	15 058
辽宁	41.3	4.2	14 806	1 507
吉林	49.7	2.9	19 112	1 127
黑龙江	119.4	11.5	45 265	4 352
江苏	33.1	0.5	10 667	148
浙江	25.8	1.7	10 539	698
福建	31.2	2.4	12 406	958
山东	43.8	4.6	15 705	1 655
河南	43.7	4.9	16 554	1 866
广东	48.1	2.6	17 975	973
广西	56.8	12.3	23 756	5 158
云南	115.5	22.0	38 319	7 298
西藏	472.1	145.5	120 207	37 049
陕西	52.0	3.0	20 579	1 170

（续表）

省份	储量 （$10^{12}kW \cdot h$）	技术可开发量 （$10^{12}kW \cdot h$）	总面积 （10^3hm^2）	未利用面积 （10^3hm^2）
甘肃	134.0	53.4	40 409	16 114
青海	273.2	94.6	71 748	24 841
宁夏	21.8	3.4	5 195	821
新疆	541.2	320.6	166 490	98 620

目前，太阳能应用技术主要分为太阳能热利用技术，包括太阳能热水器、太阳能灶、太阳能暖房、太阳能采暖、太阳能热泵和太阳能温室等；另外，还有太阳能光伏技术，包括太阳能光伏发电、太阳能路灯、太阳能电池等。

太阳能利用产业方面，光伏发电的发展应用取得了迅速的发展。2015 年，我国新增光伏装机容量达 1.5GW，占全球新增装机的 25% 以上，光伏发电累计装机容量达 4.3GW，其中光伏电站 3.7GW，分布式 0.6GW，成为全球光伏发电装机容量最大的国家。

2009 年之前，我国光伏发电主要以离网型光伏系统为主，用以解决西部地区用电匮乏的问题。2010 年之后，用户侧并网光伏系统成为主要发展方向，目前，我国已建成几百座建筑附着光伏系统和建筑一体化光伏系统，其中装机容量达 MW 级并网光伏系统已有 20 余个。近几年，发展大型集中并网光伏电站成为我国光伏市场主要组成部分，项目建设多坐落于荒漠、戈壁地区，容量可达到数百兆甚至数吉瓦。仅 2010 年光伏电站建设特许权招标，其建设总容量就达到 180MW。

目前，我国已成为世界最大的太阳能光伏产品制造国，涵盖了多晶硅材料、电池、组件封装、平衡部件、系统集成、应用产品和专用设备制造的完整产业链。而自 2007 年起，中国已连续 5 年成为世界最大的太阳能电池生产国，晶体硅太阳能电池产量已占世界总产量的 90% 以上，产品出口率约 80%。

另外，在太阳能热利用方面，太阳能热水器是应用最广泛，产业化发展最为迅速的技术和产品，目前，我国太阳能集热器保有量达 150GW 以上，太阳能热水器产量每年递增速度可达 20% 左右，其集热真空管技术、制造水平和规模处于国际领先水平，且成本低廉，极具国际竞争力。近年来太阳能主动采暖技术发展速度不断加快，太阳能暖房面积已超过 2 000 万 m^2。

我国《可再生能源发展"十二五"规划》指出，到 2020 年，太阳能发电装机将达到 16GW，其中大型光伏电站装机 8GW，分布式光伏装机 7GW，光热发电装机达 1GW。大力促进太阳能利用技术与商业模式的发展，建立农村电气化和微网、通信和工业应用、光伏发电分散利用、城市建筑结合分布式发电、大型荒漠电站、太阳能热发电，其中大型光伏发电站占 50% 以上市场份额。同时，推动光伏系统初投资降至 1.5 万元 /kW，发电成本下降到 1 元 /（kW·h），达到或接近常规发电成本。

太阳能资源收集方式简单，总量大，但分布不均匀，另外受各地区经济发展水平，用能需求压力的影响，太阳能技术应用方式和发展规划也存在一定差异。

（1）太阳能光伏技术发展模式。在西部太阳能资源优越、人口密度小、荒漠戈壁地形多的地区，契合"一带一路"建设，着力开展大型地面光伏电站。在华北、华东、东北等地，由于土地资源、用能需求、环境承载等多方面的压力，着力开展分布式光伏发电。同时，在农村地区，屋顶资源丰富，建筑相对分散，不存在遮挡等不利因素，更适宜推广建筑附着光伏系统和建筑一体化光伏系统，根据农村建筑屋面面积折算，农村发展分布式光伏技术潜力巨大，可利用面积达 94 亿 m²，是城市发展潜力的 7 倍。

（2）太阳能热利用技术发展模式。太阳能热水器作为热利用主要技术产品，产量不断增加，市场相对成熟，但户用比例仅为 3%，而其他如太阳能灶、太阳能暖房等技术产品，更适用于传统村镇分散独立的居住模式，所以，对于占国土面积一半以上的广大农村地区，太阳能热利用技术仍拥有十分广阔的发展空间。积极推动太阳能热利用技术多元化发展，采用太阳能热水器、太阳能灶、太阳能制冷和采暖、太阳能热泵等技术，可有效减少农村生活采暖的一次能源消耗，从而改善农村用能结构，提高农村居民生活舒适度。而太阳能暖房、太阳能温室、太阳能热水器等技术，可与农村种植和养殖业有效结合，促进循环低碳农业发展，是建设新型绿色村镇的有效途径。

3.1.3 生物质能利用技术

生物质能是以生物质为载体，直接或间接来源于绿色植物的光合作用，具有可再生、低污染、分布广泛的特点，其资源总量仅次于煤炭、石油和天然气。

生物质根据收集来源的不同，主要可分为农业资源、畜禽粪便、林业资源、生活污水和有机废水、固体废物五大类，其中农业资源和畜禽粪便是生物质最主要的来源。

（1）农业废弃物。我国农业废弃物在生物质能总量中占 50% 以上，能源贡献相当于 5.5 亿 t 左右标准煤。其中，主要农作物秸秆理论蕴藏量呈增长趋势，如图 3-3 所示。2000 年，我国主要作物秸秆资源量约 6.6 亿 t，2013 年达到 9.6 亿 t，增加了 45%，到 2015 年，我国作物秸秆总量已达到 10.4 亿 t，可收集资源量为 9.0 亿 t，利用量为 7.2 亿 t，秸秆综合利用率为 80% 左右。另外，农产品加工剩余物，包括稻壳、蔗渣等，每年产生量约 1.2 亿 t，可利用量 0.6 亿 ~0.7 亿 t。

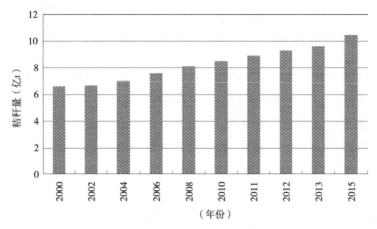

图 3-3　中国主要农作物秸秆年产量

在农业废弃物资源中，玉米、小麦、稻谷是我国最主要的农作物秸秆来源，分别占到我国秸秆资源总量的 46%、17% 和 13%。根据我国自然条件和耕作差异，河南、黑龙江、山东、河北和吉林 5 省是我国作物秸秆主要产区，占全国作物秸秆资源总量 43%，年秸秆可收集资源量在 2 000 万 ~3 000 万 t。另外，黑龙江省作为玉米和稻谷主产区，农业副产品加工剩余物最多，超过 1 000 万 t。

（2）畜禽粪便。我国畜禽粪污年排泄量从 2000 年 24.99 亿 t 增长到 2013 年的 30.98 亿 t，粪便量达 21.19 亿 t，尿液量达到 9.78 亿 t。截止到 2015 年，全国畜禽粪污年排泄总量已达到 38 亿 t。畜禽粪污作为生物质资源，用作能源用途，主要以畜禽粪便干物质为主，折合标准煤可达到 1.1 亿 t 左右，占生物质能总量的 23% 左右。

我国畜禽粪便来源，按畜禽种类分，主要来自牛和猪，占全国畜禽粪便总量的 73% 左右，羊、鸡鸭禽类占畜禽粪便总量的 15% 和 8% 左右（彩插图 3-4）。根据我国畜禽粪便可开发量区域分布，河南、四川、山东畜禽粪便资源量均为 1.5 亿 t/ 年以上，东北三省和内蒙古地区畜禽粪便资源比较接近，均在 1 亿 t/ 年左右。

（3）工业废弃物。工业废弃物包括工业有机废水和废渣，其中造纸、屠宰、制药是工业废水排放的主要行业，而酿酒、造纸、制糖三大行业的工业有机废渣排放量最大。目前，我国工业有机废弃物年排放量约 76 亿 t，约占生物质能总量的 10%。工业废弃物排放呈现明显的东部—西部逐步降低的地域特征，这与经济发展水平有着密切的联系，而处于经济发达地区的上海、浙江、山东、江苏、天津和广东，是我国工业废弃物排放量最大的省份。

（4）其他生物质资源情况。以林业废弃物和城镇生活废弃物为主的其他生物质资源占生物质能源总量的 16% 左右。其中林业废弃物可占生物质能总量的 14%，其资源产生主要分布于我国东北、西南、西北地区，木材存量为124.9亿 m^3，薪柴及林业废弃物可利用资源折合约1.8亿 t 标准煤。

城镇生活废弃物包括有机生活垃圾及生活污水。目前，我国城市生活垃圾约1.8亿 t，年增长率近15%，可利用能源量约1亿 t，折合3 000余万 t 标准煤，占生物质能总量的2%左右。生活污水排放量也呈逐年增加趋势，全国污水排放量近500亿 t，COD排放量约为900万 t。

生物质资源具有典型的资源和废物两面性。大量的作物秸秆、畜禽粪便，工业和城镇生活废渣废水，如不加以利用或妥善处理，往往会带来严重的环境污染问题。同时，生物质资源随意丢弃或处理不当，还会成为大量温室气体的排放源。据统计，我国畜禽粪污引起的 N_2O 年排放量约为60万 t，CH_4 年排放量约200万 t，秸秆露天焚烧引起的 N_2O 年排放量约为40万 t，CH_4 排放量约25万 t。

目前，生物质能供应着世界能源需求的14%，是各国发展可再生能源的战略重点，由于生物质资源储量主要集中于种植业和养殖业生产过程中，所以，生物质能的发展对促进新农村建设，解决"三农"问题有着重要的意义，更是改善农村用能结构，发展低碳循环农业的重要载体和切入点。

生物质能源发展就是要高效、清洁地将生物质资源转化为能源，包括电力、燃气、液体和固体燃料等，其主要技术产品包括：沼气、燃料乙醇、生物质固体成型燃料、生物柴油、生物质气化等。

随着生物质能技术产业的发展，"十三五"期间，我国生物质能源发展目标是逐步形成具有自主知识产权为主的生物质能源生产装备能力，根据原料特色、区域特色、需求特色建立现代生物质高效转化技术体系与工程，到2025年生物质能源产能达到1亿 t 标准煤。

3.1.3.1 沼气能

（1）产业发展情况。沼气技术在处理农作物秸秆、畜禽粪污和工业废水废渣方面起着重要的作用。"十一五"期间，我国沼气利用主要以户用沼气为主。近年来，国家大力发展大中型沼气工程，在格局上已经形成了户用沼气、联户集中供气、规模化大中型沼气工程共同发展的布局。技术装备上，也形成了国产为主，借鉴引入国外为辅的体系，形成农村生活供气、沼气发电自用、沼气热电联产、沼气净化提纯、车用燃气等利用模式共同发展。

"十二五"期间，我国生物燃气用户达4 300余万户，受益人群约1.6亿人，年产生物燃气约140亿 m^3，占生物燃气总产量的85%以上；全国规模化大中型沼气工程发展到8.05万处，年产沼气约20亿 m^3。沼气技术的利用，相当于全国天然气年消费量的11%左右，温室气体减排6000余万 t 二氧化碳当量，生产有机肥料 4 亿余 t。

（2）发展前景。我国发展沼气技术仍存在诸多问题和瓶颈，如生物燃气废弃率较高；北方地区受低温制约，发展缓慢；配套政策不完善；市场化、商品化水平不高。但是，从生态环境和能源供给需求压力角度，发展沼气符合我国可再生能源发展需求。

目前，按我国农作物秸秆可供能源化利用量近 5 亿 t，畜禽粪便利用率 80% 计算，仅畜禽养殖和农业废弃物资源可年产沼气量达 3 300 亿 m³。但目前，我国生物质资源能源化利用率仅为 5% 左右，开拓潜力十分巨大。

农村作为生物质资源主要集中生产地区，沼气技术的应用可有效解决生物质资源随意处置或排放带来的巨大环境保护压力，减少温室气体排放。同时，随着我国能源需求压力的不断增加，天然气进口依存度已增至约 37%，所以，着力发展沼气技术是改善我国能源消费结构，缓解能源需求压力，推动低碳农村社区建设的重要驱动力。

（3）发展规划及目标。根据《可再生能源中长期发展规划》，到 2020 年生物质燃气利用量达到 500 亿 m³，2025 年达到 800 亿 m³，其中规模化生物燃气利用量达 600 亿 m³，户用沼气和联户集中供气年利用量达到 200 亿 m³。在东北、华北等粮食主产区，内蒙古、山东、河南、黑龙江等畜禽养殖密集区，大型酿酒制糖工业区，以及新型城镇化发展区域，大力发展以畜禽粪便、农作物秸秆、工业废弃物和生活垃圾等为原料的生物燃气工程。

计划建成大型畜禽养殖场沼气工程和秸秆沼气工程 10 000 座，工业废渣废水沼气工程 6 000 座，年产沼气 140m³，沼气发电达到 300 万 kW。在农村地区发展户用沼气和集中供气等，受益人群发展到 8 000 万户，供气面积 220 亿 m³，建设生物燃气生产与综合利用工程达到 130 个以上，并网燃气工程 10 个以上，沼渣沼液的有机肥料等高端产品利用生产工程 20 个以上。

3.1.3.2　燃料乙醇

（1）产业发展情况。我国发展燃料乙醇相对较晚，发展初期，随着国际汽油价格的不断上涨，国内汽车保有量迅速增加，粮食产能相对过剩，燃料乙醇技术受到重视，并得到快速发展。我国于 2002 年开始试点生产，并逐步进行 10 个省的车用乙醇试点工程。

目前，国内燃料乙醇生产受国家严格审批控制，主要生产企业为河南天冠、吉林燃料乙醇、黑龙江华润酒精、安徽丰原生化、广西中粮生物质能等。2015 年，燃料乙醇年生产能力约为 250 万 t，位居世界第三。同时，乙醇汽油已占试点省份汽油消费量的 20% 以上，其中黑龙江、吉林、辽宁、河南、安徽已全部实现车用乙醇的封闭运行。

（2）发展前景。中国作为世界第二大能源消耗国，石油等一次化石能源储量仅为世界的 2% 左右，原油对外依存度近 60%，这对我国能源和资源供应战略安全构成巨大的潜在威胁。燃料乙醇和生物柴油技术和产业的发展，对缓解我国能源压力，调整能源消费结构，具有重要的战略意义。

传统燃料乙醇的制备，其原料主要是陈化粮、复杂的地沟油、动物脂肪等。在国家强调粮食和食品安全的背景下，原料来源已逐步受到严格限制。所以，推动以生物质纤维素为原料的非粮燃料乙醇技术产业，是我国生物质液体燃料转型发展的主要方向。

另外，我国正处于推动新农村和城镇化建设发展新阶段，农作物秸秆资源化利用和能源植物的种植利用在满足燃料乙醇和生物柴油生产原料需求的同时，也符合我国农业供给侧结构调整的要求，能有效延长农业产业链，提高农业效益。

（3）发展规划及目标。燃料乙醇的产业规划，是稳步发展基于木薯、甜高粱原料为主的传统生产技术，重点发展并加快纤维素燃料乙醇规模化产业。燃料乙醇产量由 250 万 t 增长到 2020 年年产 700 万 t，到 2025 年达到 1 500 万 t，其中纤维素燃料乙醇到 2020 年达到 100 万 t。

3.1.3.3 生物质成型燃料

（1）产业发展情况。生物质成型燃料与气体或液体燃料相比，是能量转化效率最高的利用方式。经过技术引进、研究发展、设备完善、产业化应用的多个发展阶段，形成了适合我国的生物质成型燃料产业模式和规模。

目前，我国成型燃料装备的生产厂家 60 余家，设备主要包括螺旋挤压式成型机、活塞液压式成型机、机械冲压式成型机、平模压块机和环模颗粒机等，年销售额达 1 200 余套（台）。我国成型燃料生产企业近 300 家，主要以中小型为主，大型生产企业不足 10 家，年产量 500 余万 t，产品多为颗粒燃料、压块和棒状。受生物质原料价格上涨、收储运体系不健全、生产成本相对较高的影响，企业利润收益较少，产业发展受到一定限制。

我国生物质成型燃料生产和销售多集中于东北、京津冀、珠三角和长三角地区，并逐步形成了分散式和集中式两种生产模式。其用途主要是农村生活和冬季采暖燃料消费，以及提供工业生产或服务业需要的蒸汽、热水。

（2）发展前景。随着我国农业主产区粮食种植日趋集中连片，作物秸秆产量不断增加，且越加集中，无法得到有效利用。秸秆的户用直燃、部分还田处理、饲料化应用、随意丢弃和露天焚烧比例不断上升。

生物质成型燃料不但使大量剩余秸秆、稻壳等农林废弃物得到高值化利用，还可改变传统农村社区秸秆、薪柴低值直燃利用,提高农村用能品质,减少秸秆焚烧导致的环境污染和温室气体排放问题,是促进农业增长方式转变,建设资源节约型、环境友好型的农村低碳社区的重要举措。同时,生物质成型燃料是我国战略性新兴产业,也是国家"十二五"和"十三五"重点任务之一,在新能源和非化石能源利用中占有重要地位。

（3）发展规划及目标。我国发展生物质成型燃料,首先要加强技术装备创新,提高生产效率和利用效率,同时建立健全农林废弃物收储运服务体系,降低原料成本,从而满足产业化和规模发展的需求。

预计到2025年,我国生物质成型燃料年产量将达到3 000万t,主要针对东北、华北等农作物秸秆产量密集区域,配合新型村镇转型发展,采用"一村一厂"的模式,建立年产3万t的规模化工程15个以上,建立年产10万t燃料规模化生产工程20个左右。拓展以生物质成型燃料与热电联产应用的新模式,从而进一步降低成型燃料生产成本,与煤炭形成一定的竞争力。

3.1.3.4 生物柴油

生物柴油作为燃油替代产品,与燃料乙醇一起作为我国能源产业发展生物液体燃料的主要任务之一。我国生物柴油生产主要源自食用油、动物脂肪、微藻油和废弃油等,通过转酯化反应等技术制备而得。目前,我国生物柴油产能350余万t,年产量在150万t左右,生产企业300余家,其中年产5 000t以上厂家超过40个。尽管生物柴油技术装备已相对成熟,但由于生物柴油产品销售应用渠道受到严格控制,无法进入车用销售市场,加之传统生产原料来源受到严格管理,产业规模裹足不前。

传统生物柴油的制备,其原料主要是陈化粮、复杂的地沟油、动物脂肪等。在国家强调粮食和食品安全的背景下,原料来源已逐步受到严格限制。所以,推动以能源植物为原料的生物柴油技术产业,是我国生物质液体燃料转型发展的另一个主要方向。

在生物柴油方面,大力推动生化柴油产品,加大市场占有份额。同时,合理规划城镇边际土地,发展能源植物种植,定向培育能源林,以满足年产600万t生物柴油的原料供应。预计2020年达到产能200万t,2025年达到500万t。

3.1.4 地热能利用技术

地热能是由地壳抽取的天然热能。来自地球内部的熔岩,通过地下水的流动和熔岩涌动,被转送至离地面1~5km的地方,并以热力形式存在,是一种可再生能源。

3.1.4.1 地热能资源潜力情况

地热资源主要集中于构造活动带和大型沉积盆地中，主要类型为沉积盆地型和隆起山地型。地球表面以下5 000m，15℃以上的总含热量可达14.5×10^{25}J，相当于4 989万亿t标准煤，而地下200m以上则称为浅层地热能，温度比较稳定，分布广泛，开发利用方便，主要通过地源热泵技术将地热资源转化为可以利用的供热或制冷的高品位能源。

我国是一个地热资源十分丰富的国家，我国浅层地热能资源量为每年2.78×10^{20}J，相当于95亿t标准煤，年可利用资源量为2.89×10^{12}kW·h，相当于3.5亿t标准煤。我国地热能资源分布主要为云南、西藏自治区（以下称西藏）、四川等地，属高温地热资源；对流地热资源分布在广东、福建等东南沿海；传导性地热资源主要分布于华北、东北地区。

3.1.4.2 中国地热能产业发展情况

地热能的利用主要分为两种方式，包括地热发电和热能直接利用。自20世纪70年代，我国开始地热能的开发应用，目前共有运行地热电站5座，地热发电总装机容量超过27MW，位居世界第18位，主要分布于西藏、川西一带，发展最为成功的是西藏羊八井地热电站，年发电量超过1亿kW·h，发电量占拉萨电网的40%左右。

地热能直接利用在我国展现出有力的竞争势头，地热供暖、地源热泵、地热干燥、地热种植和养殖等技术已逐步成熟。我国的地热能直接利用已位居世界第一，在华北、东北、长江流域地区，地源热泵已较为普及，并逐步由户用向小区规模发展过渡，已利用地热点近1 500余处，地热采暖面积800多万m^2，逐渐成为广大村镇解决夏季制冷和冬季采暖的重要节能途径。在我国地热水直接利用方式中，供热采暖占18.0%，医疗洗浴与娱乐健身占65.2%，种植与养殖占9.1%，其他占7.7%，现有地热温室133万m^2，地热鱼池面积445万m^2，地热井眼开发2 500眼，地热温泉旅游近300余处。

3.1.4.3 中国地热能发展前景

地热能的应用具有稳定性和持续性，近年来发展十分迅速，在城镇节能减排、减少化石能源消耗、带动区域经济和生态环境保护方面具有重要意义。另外，我国地热能资源丰富，分布较为广泛，但利用率及利用效率均有较大的发展空间。地热能利用技术对温度要求各不相同，可通过地热资源梯级利用与其他可再生能源技术有机结合起来。

2017年，我国首次发布了关于地热能相关的全国规划，计划于"十三五"期间新增地热能供暖（制冷）面积7亿m^2，2020年累计达到16亿m^2；新增水热型地热供暖面积 4 亿 m², 新增地热发电装机容量 500MW, 国际地热发电装机容量排名比现在提前 2~3 位。到 2020 年, 地热能年利用量达到 7 000 万 t 标准煤。

我国地热能技术发展, 首先, 应积极推进水热型地热供暖在京津冀鲁豫和生态环境脆弱的青藏高原及毗邻区集中规划, 统一开发, 建设水热型地热供暖重大项目; 其次, 在东南沿海和华北、东北等地区, 大力发展户用分布式或小区规模的地热能直接利用, 将其纳入我国绿色村镇能源发展建设规划中, 促进地热能利用相关的装备制造产业的发展, 建立新的建筑用能供应体系, 带动新的能源服务业的发展, 带动智能电网相关设备与技术的发展, 从而创造良好的社会效益、经济和环境效益。

3.1.5 微型水利发电技术

水能包括河流水能、潮汐水能、波浪能、海流能等能量资源, 是指水体的动能、势能和压力等能量资源。当前世界上河流水能已得到了广泛的应用, 而潮汐、波浪和海流能资源利用还处在起步阶段。

3.1.5.1 水电资源潜力情况

我国河流水力资源储量丰富。2005 年水利资源复查结果显示, 我国河流水力资源理论蕴藏年电量 6.08 万亿 kW·h, 平均功率为 6.94 万 kW; 技术可开发年发电量 2.47 万亿 kW·h, 装机容量 5.4 亿 kW; 经济可开发年发电量 1.75 万亿 kW·h, 装机容量 4.02 亿 kW。技术可开发量、经济可开发量、已建和在建开发量均居世界首位。

我国河流水力资源主要分布于金沙江、岷江、雅鲁藏布江、大渡河、澜沧江、乌江、怒江、黄河、长江等水系, 总规模达 3.68 亿 kW, 占水力资源技术开发量的 65% 左右 (彩插图 3-5)。资源分布方面, 水系坡度陡、水流急、落差大是开发水电的主要区域, 多分布于我国西部经济欠发达地区, 水力资源约占全国总量的 80% 以上, 其中四川、西藏和云南资源量最为丰富, 占全国水力资源量的 60% 左右。另外, 水系径流受季节影响, 分配不均, 大多数河流丰水期水量占全年径流总量的 70%~80%, 水力资源开发多需要建设大型水库, 对径流进行调节, 解决汛枯期发电差别大的问题, 同时为防洪、灌溉和供水发挥一定作用。

微水电开发主要是利用我国各主干河流的中小直流, 开发装机容量不超过 5 万 kW 的小型及微型水电站。我国小水电资源也十分丰富, 资源蕴藏量可达 1.6 亿 kW, 5 万 kW 以下的微水电资源开发量达到 1.28 亿 kW。微水电资源分布在全国近 1 600 余个山区村镇, 主要集中在中西部地区, 其中西部微水电技术可开发量占全国的 60% 以上, 中部地区占全国的近 20%, 而东部地区占 18% 左右。

3.1.5.2 中国水电产业发展情况

我国水电装机容量已达到 3.2 亿 kW，其中常规水电 2.9 亿 kW，抽水蓄能 2271 万 kW，装机容量占全国发电装机的 22% 左右，年发电量突破 1.1 万亿 kW·h，占全国总发电量的近 20%，占可再生能源发电量的 73%。

微水电建设开发主要包括流域规划、小型水轮发电机组、监控和网络自动化、电力输配等技术装备。我国微水电技术启动较早，但发展缓慢，随着近年来技术装备逐步成熟，国家对村镇缺电地区的重视和改革，水电开发增加了多能互补功能，终端应用不断丰富和完善，国内微水电发展快速推进，现已拥有较为完整的科研机构、企业生产、试制、应用管理的技术装备产业体系，其中微水电设备制造厂家近 200 个，年生产能力超过 2 000MW，基本可以满足我国微水电发展的需求。

水利部和农业部 2007 年统计数据显示，我国微水电装机容量近 4 000 万 kW，年发电量超过 1 100 亿 kW·h，1 500 多个村镇开发了微水电技术，农村水电站 4.8 万余座，其中 10kW 以下微水电机组约 20 万台，10~100kW 微水电占近 2 万座，100kW 以上微水电站 2 万余座，机组近 4 万台，为缓解农村地区电力系统需求压力起到了重要作用。

3.1.5.3 中国微水电发展前景

我国计划到 2020 年，水电总装机容量达到 3.8 亿 kW，常规水电装机规模达到 3.4 亿 kW，装机容量年增长 1300 万 kW 左右，其中微水电装机规模达到近 1 亿 kW，占常规水电装机规模比例由如今的 13% 增长到 30% 左右，发展空间巨大。

目前，我国微水电技术装备基本达到国际先进水平，自动化水平不断提高，经济效益不断增加。另外，西部作为水资源最为丰富的地区，微水电资源已开发 900 多万 kW，仅占可开发水电资源的 2.1%，发展潜力巨大。

水电作为清洁的可再生能源，其开发利用可节约或替代大量化石能源，减少温室气体和污染物的排放，保护生态环境，促进人与自然协调发展，更是保障我国能源安全和能源结构调整的有效途径。另外，促进农村经济发展，解决无电地区供电条件，改善农村生活用能条件是我国可再生能源的首要任务。在偏远的、微水力资源丰富、远离电网的地区，合理规划开发微水电利用对农村生态环境和经济发展都具有重要意义。

3.1.6 农村其他节能技术

3.1.6.1 节能砖

（1）中国节能砖与农村建筑节能发展必要性。中国建筑行业的能耗约占全国能耗总量的 30%，已成为中国主要耗能行业之一，作为全球发展最快的建筑市场，我国年新增建筑面积超过 20 亿 m²，而农村建筑已占全国现有建筑总面积的 60%，年增长量占全国的 57%。由于围护结构热工性能较差，中国农村建筑比城市平均建筑能耗高 2~3 倍。

我国有制砖企业 9 万余家，砖瓦产品总量达 1 万亿块 / 年，制备原料以黏土、煤矸石及废渣为主，热工性能较差，年排放温室气体 1.7 亿 t，且 95% 以上制砖企业集中在农村地区。

节能砖的制备生产主要分为 3 类，一是加入引气剂或聚颗粒等制成空心加微孔材料节能砖，热阻值为 0.88m²·kW；二是薄壁多排矩形多孔砖、空心砖，热阻值为 0.14~0.84m²·kW；三是加入聚苯聚合物制备保温绝热墙体材料。节能砖热工性能好，且生产过程中能耗可降低 50%，节能砖的生产和应用对农村建筑和制砖行业存在巨大的节能减排潜力。

（2）中国节能砖与农村建筑节能发展趋势。节能砖产业技术，近年来通过制定补贴政策、项目示范、企业技术改革、技术标准制定、设定专项资金和相关机构、宣传与培训等方式，有力推动了节能砖技术产业的发展。改造企业 200 余家，市场占有率达到 30%，推广示范工程 55 个，农村受益居民近 2 万户，工程节能效率达到 50%。

我国农村人口超过 6 亿，城乡一体化发展水平仍有较大差距，经济水平、居住环境和配套设施有待进一步加强。节能砖的发展契合"创新、协调、绿色、开放、共享"的发展理念，符合我国绿色村镇建设、节能减排工作的要求，是推进新型城镇化和社会主义新农村的必然要求和重要途径。随着节能砖技术推广示范的不断深入，政府及民众认知度的不断提升，可再生能源应用比例得到提高，节能砖技术和市场发展前景将更加广阔。

3.1.6.2　空气源热泵

（1）中国空气源热泵发展必要性。空气源热泵是以空气为冷、热媒，通过消耗少量电能和压缩机做功，将空气中热量经过冷凝器或蒸发器进行热交换，提取或释放热能，转化为高品位热能，用于制冷制热或提供热水，具有能耗低、效率高、速度快、安全性好、环保节能的特点。

空气源热泵技术的发展应用可以缓解我国能源紧张的问题，并被越来越多的用户所接受，适宜在我国京津冀及周边地区、长江中下游等地区发展。我国每年用于采暖、空调和生活用热水的能耗占全国能源消耗的 15% 左右，采用空气源热泵，其节能可达到 50% 以上。近年来，空气源热泵技术产品也从单一的淋浴逐渐发展到"家庭中央热水、空调一体化""家庭热水、供暖一体化"模式。

（2）我国空气源热泵发展前景。我国目前空气源热泵生产企业约 300 家，其中包括格力、美的、四季沐歌、A.O. 史密斯等空调和热水器品牌厂家的升级转型，生产企业则多分布于广东、浙江、江苏等省，产品细化程度较高、性能质量较好，为空气源热泵产业发展提供了保障。目前，产业年增长率可达 25% 左右，年销售量可达 100 余万台，其中近 20% 产品用于出口。

与发达国家相比，部分欧美国家空气源热泵使用比例达 70%，香港地区使用率也达到 50% 左右，而我国空气源热泵产品市场份额不足热水器市场的 3%，在分户采暖供热设备市场中，所占比例不到 1%。随着行业的进一步发展，加上国家鼓励政策的相继出台，空气源热泵技术的市场发展空间将十分巨大。

3.2 中国农村清洁能源主要技术的应用现状及趋势

3.2.1 风能

风能是指空气相对于地面做水平运动时所产生的动能，风能的大小取决于风速和空气密度。风能也是太阳能的一种转化形式。专家估计，到达地球表面的太阳能只有约 2% 转化为风能，但其总量非常可观。全球的风能约为 2.74×10^{12}kW，其中可利用的风能为 2×10^{10}kW，比地球上可开发利用的水能总量还要大很多倍，全球每年燃烧煤炭获得的能量还不到每年可利用风能的 1%。由于风能是一种可再生、无污染、取之不尽、用之不竭的能源，因此被称为绿色能源。

3.2.1.1 风能技术发展现状

风能技术是一项综合技术，它由风能、风轮技术和风电系统等多个学科和多种领域的相关技术融合而成。目前，风能技术已逐渐成为能源技术中的一个分支。

（1）风能。风是由空气流动引起的一种自然现象，主要是由于地球上各纬度所接受的太阳辐射强度不同而形成的。在赤道和低纬度地区，太阳高度角大，日照时间长，太阳辐射强度大，地面和大气接受的热量多、温度较高；在高纬度地区，太阳高度角小，日照时间短，地面和大气接受的热量小，温度低。这种高纬度与低纬度之间的温度差异形成了南北之间的气压梯度，使空气做水平运动，风应沿水平气压梯度方向吹，即垂直与等压线从高压向低压吹。地球的自转使空气水平运动发生偏向的力被称为地转偏向力，这种力使北半球气流向右偏转，南半球气流向右偏转，所以地球大气运动除受气压梯度力外，还要受地转偏向力的影响。大气真实运动是这两个力综合作用的结果。实际上，地面风不仅受这两个力的支配，而且在很大程度上受海洋、地形的影响，山隘和海峡能改变气流运动的方向，还能使风速增大，而丘陵、山地却因摩擦大使得风速减小，孤立山峰却因海拔高使风速增大。因此，风向和风速的时空分布较为复杂。

（2）风速及风向。在风能利用中，风向和风速是两个描述风的重要参数。风向是指风吹来的方向，如果风是从北方吹来就称为北风。风速是表示风移动的速度，即单位时间内空气流动所经过的距离。风速与风向每日、每年都会发生一定的周期性变化。估算风能资源必须测量每日、每年的风速、风向，了解其变化的规律。作为计算风能资源基本依据的每小时风速值有 3 种不同的测算方法，一是将每小时内测量的风速值取平均值；二是中国规定采用的方法是将每小时最后10min 内测量的风速值取平均值；三是在每小时内选几个瞬时测量风速值再取其平均值。

（3）风随时间的变化。风随时间的变化包括每日的变化和季节的变化。通常一天之中风的强弱在某种程度上可以看作是周期性的。如地面上夜间风弱，白天风强；相反高空中则是夜里风强，白天风弱。这个逆转的临界高度为 100~150m。

由于季节的变化，太阳和地球的相对位置会随之发生变化，使地球上存在季节性的温差，因此风向和风的强度也会发生季节性变化。我国大部分地区风的季节性变化情况是春季最强，冬季次之，夏季最弱。当然也有部分地区例外，如沿海温州地区，夏季季风最强，春季季风最弱。

（4）风随高度的变化。从空气运动的角度，通常将不同高度的大气层分为 3 个区域，如图 3-4 所示。离地面 2m 以内的区域称为底层；2~100m 的区域称为下部摩擦层，二者总称为地面境界层；从 100~1 000m 的区域称为上部摩擦层，以上三区域总称为摩擦层，摩擦层之上是自由大气。

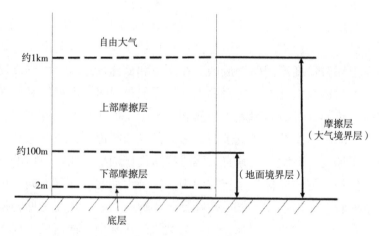

图 3-4　大气层的构成图

地面境界层内空气流动受涡流、黏性、地面植物和建筑物等的影响，风向基本不变，但越往高处风速越大。各种不同地面情况下，如城市、乡村和海边平地，其风速随高度的变化如图 3-5 所示。

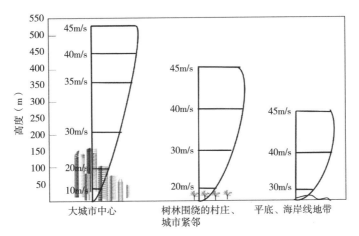

图 3-5　各种地面上风速和高度的关系

关于风速随高度而变化的经验公式很多，通常采用所谓指数公式，见式（3-1）。

$$V = V_1 \left(\frac{h}{h_1} \right)^n \tag{3-1}$$

其中，V——距地面高度为 h 处的风速，m/s；

　　　V_1——高度为 h_1 处的风速，m/s；

　　　n——经验指数，它取决于大气稳定度和地面粗糙度，其值为 1/2~1/8。

对于地面境界层，风速随高度的变化则主要取决于地面粗糙度。不同地面情况的地面粗糙度 α 如表 3-4 所示。此时计算近地面不同高度的风速时仍采用上述公式，只是用 α 代替式中的指数 n。

表 3-4　不同地面情况粗糙度

地面情况	粗糙度 α
光滑地面、海洋	0.10
草地	0.14
城市平地、高草或岩石表面	0.16
高的农作物、篱笆、树木少	0.20
树木多、建筑物少	0.22~0.24
城市有高层建筑	0.40
森林、村庄	0.28~0.30

（5）风的随机性变化。一般所说的风速是指变动部位的平均风速。通常自然

风是一种平均风速与瞬间激烈变动的紊流相重合的风。紊乱气流所产生的瞬时高峰风速也叫阵风风速。

（6）风能密度。风能密度是气流在单位时间内垂直通过单位面积的风能，见式（3-2）。

$$W=\frac{1}{2}\rho V^3 \qquad (3-2)$$

其中，W—风能密度，W/m^2；ρ—空气密度，kg/m^3；V—风速，m/s。

它是描述一个地方风能潜力最方便、最有价值的量，但在实际中风速每时每刻都在变化，不能使用某个瞬时风速值来计算风能密度，只有长期风速观察资料才能反映其规律，因此引入了风能密度的平均值，即平均风能密度，见式（3-3）。

$$\overline{W}=\frac{1}{T}\int_0^T 0.5\,\rho V^3(t)dt \qquad (3-3)$$

其中，$\overline{W}$—平均风能密度，W/m^2；ρ—空气密度，kg/m^3；$V(t)$—随时间变化的风速，m/s；T—一定的时间周期；dt—在时间周期 T 内相应于某一风速的持续时间。

如果在风速测量中可直接（或经过数据处理后）得到总的时间周期 T 内不同的风速 V_1、V_2、V_3……V_n 及其所对应的时间 t_1、t_2、t_3……t_n，则平均风能密度见式（3-4）。

$$\overline{W}=\frac{\sum_{i=1}^n \frac{1}{2}\rho V_i^3 t_i}{T} \qquad (3-4)$$

在实际的风能利用中，风力机械只是在一定的风速范围内运转，一定风速范围内的风能密度被视为有效风能密度。我国有效风能密度所对应的风速范围是 3~25m/s，计算方法仍为公式 3-3 或公式 3-4。

一般情况下，计算风能或风能密度是采用标准大气压下的空气密度。由于不同地区海拔高度不同，其气温、气压不同，因而空气密度也不同。在海拔高度 500m 以下，即常温标准大气压力下，空气密度值可取为 $1.225kg/m^3$，如果海拔高度超过 500m，必须考虑空气密度的变化。根据我国 300 个气象台站的计算经验得出空气密度与海拔高度的关系，见式（3-5）。

$$\rho_h=1.225h^{-0.00012} \qquad (3-5)$$

其中，h—海拔高度，m；ρ_h 相应于海拔高度为 h 处的空气密度值，kg/m^3。

（7）风向方位。风向通常采用十六方位来表示，如图 3-6 所示。

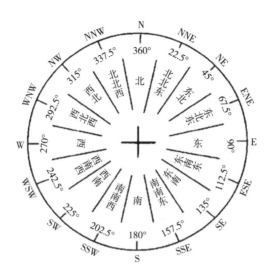

图 3-6　风向十六方位图

　　按照不同方位风向出现的频率绘制而成的风向变化的图形称为风向频率玫瑰图。在极坐标图上绘出一地在一年中各种风向出现的频率，因图形与玫瑰朵相似而得名。风向玫瑰图是一个给定地点一段时间内的风向分布图，通过它可以得知当地的主导风向。最常见的风向玫瑰图是一个圆，圆上引出 16 条放射线，它们代表 16 个不同的方向，每条直线的长度与这个方向的风的频度成正比。静风的频度放在中间。有些风向玫瑰图上还指示出了各风向的风速范围。图 3-7 为我国东莞市某年全年的风向玫瑰图。

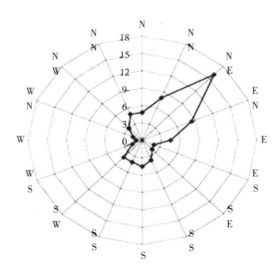

图 3-7　东莞市全年风向玫瑰图

3.2.1.2 风能资源概况

（1）全球风能资源概况。全球风能资源丰富，其中仅是接近陆地表面 200m 高度内的风能就大大超过了目前每年全世界从地下开采的各种矿物燃料所产生的能量总和，而且风能分布很广，几乎覆盖所有国家和地区。

欧洲是世界风能利用最发达的地区，其风能资源非常丰富。欧洲沿海地区风能资源最为丰富，主要包括英国和冰岛沿海、西班牙、法国、德国和挪威的大西洋沿海，以及波罗的海沿岸地区，其年平均风速可达 9m/s 以上。整个欧洲大陆，除了伊比利亚半岛中部、意大利北部、罗马尼亚和保加利亚等部分东南欧地区以及土耳其地区以外（该区域风速较小，在 4~5m/s），其他大部分地区的风速都较大，基本在 6~7m/s。

北美洲地形开阔平坦，其风资源主要分布于北美洲大陆中东部及其东西部沿海以及加勒比海地区。美国中部地区，地处广袤的北美大草原，地势平坦开阔，其年平均风速均在 7m/s 以上，风资源蕴藏量巨大，开发价值很大。北美洲东西部沿海风速达到 9m/s，加勒比海地区岛屿众多，大部分沿海风速均在 7m/s 以上，风能储量也十分巨大。

（2）我国风能资源概况。我国风能资源非常丰富，仅次于俄罗斯和美国，居世界第三位。根据国家气象局气象研究所估算，从理论上讲，我国地面风能可开发总量达 32.26 亿 kW，高度 10m 内实际可开发量为 2.53 亿 kW。我国风能资源丰富的地区主要集中在北部、西北、东北草原和戈壁滩、东南沿海地区和一些岛屿上，涵盖福建、广东、浙江、内蒙古自治区（以下称内蒙古）、宁夏回族自治区（以下称宁夏）、新疆维吾尔自治区（以下称新疆）等省（自治区）。

我国风能资源可划分为如下几个区域。

① 最大风能资源区。在东南沿海及其岛屿范围内，有效风能密度大于等于 200W/m² 的等值线平行于海岸线，沿海岛屿的风能密度在 300W/m² 以上，有效风力出现时间百分率达 80%~90%，大于等于 3m/s 的风速全年出现时间 7 000~8 000h，大于等于 6m/s 的风速也有 4 000h 左右。但从这一地区向内陆，则丘陵连绵，冬季有半年时间强大冷空气南下，很难长驱直下，夏季台风在离海岸 50km 时风速便减小到 68%。所以，东南沿海仅在由海岸向内陆几十千米的地方有较大的风能，再向内陆则风能锐减。在不到 100km 的地带，风能密度降至 50W/m² 以下，反为全国风能最小区。但在福建的台山、平潭和浙江的南麂、大陈、嵊泗等沿海岛屿上，风能却都很大。其中，台山风能密度为 534.4W/m²，有效风力出现时间百分率为 90%，大于等于 3m/s 的风速全年累积出现 7 905h。换言之，平均每天大于等于 3m/s 的风速有 21.3h，是我国平地上有记录的风能资源最大的地方之一。

② 次最大风能资源区。内蒙古和甘肃北部终年在西风带控制之下，而且又

是冷空气入侵首当其冲的地方，风能密度为200~300W/m²，有效风力出现时间百分率为70%左右，大于等于3m/s的风速全年有5 000h以上，大于等于6m/s的风速有2 000h以上，从北向南逐渐减小，但不像东南沿海梯度那么大。风能资源最大的虎勒盖地区，大于等于3m/s和大于等于6m/s的风速的累积时数分别达7 659h和4 095h。这一地区的风能密度虽小于东南沿海，但其分布范围较广，是我国最大的连片风能资源区。

③ 大风能资源区。在黑龙江和吉林东部以及辽东半岛沿海地区，风能密度在200W/m²以上，大于等于3m/s和6m/s的风速全年累积时数分别为5 000~7 000h和3 000h。

④ 较大风能资源区。在青藏高原、三北地区的北部和沿海地区（除去上述范围），风能密度在150~200W/m²，大于等于3m/s的风速全年累积为4 000~5 000h，大于等于6m/s风速全年累积为3 000h以上。青藏高原大于等于3m/s的风速全年累积可达6 500h，但由于青藏高原海拔高、空气密度较小，所以风能密度相对较小，在4 000m的高度，空气密度大致为地面的67%。也就是说，同样是8m/s的风速，在平地为313.6W/m²，而在4 000m的高度却只有209.3W/m²。所以，如果仅按大于等于3m/s和大于等于6m/s的风速的出现小时数计算，青藏高原应属于最大区，而实际上这里的风能却远小于东南沿海岛屿。

⑤ 最小风能资源区。在云贵川、甘肃、陕西南部，河南、湖南西部，福建、广东、广西的山区以及塔里木盆地，有效风能密度在50W/m²以下时，可利用的风力仅有20%左右，大于等于3m/s的风速全年累积时数在2 000h以下，大于等于6m/s的风速在150h以下。在这一地区，尤以四川盆地和西双版纳地区风能最小，这里全年静风频率在60%以上，如绵阳为67%、巴中为60%、阿坝为67%、恩施为75%、德格为63%、耿马孟定为72%、景洪为79%。大于等于3m/s的风速全年累积仅300h，大于等于6m/s的风速仅20h。所以，这一地区除高山顶和峡谷等特殊地形外，风能潜力很低，无利用价值。

⑥ 可季节利用的风能资源区。除④和⑤以外的广大地区，有的在冬、春季可以利用，有的在夏、秋季可以利用。这些地区风能密度在50~100W/m²，可利用风力为30%~40%，大于等于3m/s的风速全年累积在2 000~4 000h，大于等于6m/s的风速在1 000h左右。

除上述地区外，全国还有一部分地区风能缺乏，表现为风力小，难以被利用。

3.2.1.3 风力发电技术

风力发电就是将风所蕴含的动能转换成电能的工程技术。

（1）风力发电的原理。把风的动能转变成机械动能，再把机械能转化为电力动能，这就是风力发电。风力发电的原理是利用风力带动风车叶片旋转，再透过增速机将旋转的速度提升，来促使发电机发电。依据目前的风车技术，大约是3m/s 的微风速度（微风的程度）便可以发电。风力发电正在世界上形成一股热潮，因为风力发电不需要使用燃料，也不会产生辐射或空气污染。

（2）风力发电的系统组成。典型的风力发电系统是由风能资源、风力发电机组、控制装置、蓄能装置、备用电源及电能用户组成，如图 3-8 所示。风力发电机组是实现由风能到电能转换的关键设备。由于风能是随机性的，风力的大小时刻变化，必须根据风力大小及电能需要量的变化及时通过控制装置来实现对风力发电机组的起动、调节（转速、电压、频率）、停机、故障保护（超速、振动、过负荷等）以及对电能用户所接负荷的接通、调整及断开等。在小容量的风力发电系统中，一般采用由继电器、接触器及传感元件组成的控制装置；在容量较大的风力发电系统中，现在普遍采用微机控制。蓄能装置是为了保证电能用户在无风期间可以不间断地获得电能而配备的设备；另一方面，在有风期间，当风能急剧增加时，蓄能装置可以吸收多余的风能。为了实现不间断供电，有的风力发电系统配备了备用电源，如柴油发电机组。

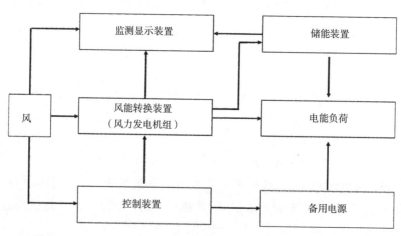

图 3-8　风力发电系统的组成

把风能转变为电能是风能利用中最基本的一种方式。风力发电机一般由风轮、发电机（包括装置）、调向器（尾翼）、塔架、限速安全机构和储能装置等构件组成。

（3）运行方式。风力发电的运行方式可分为独立运行、并网运行、风力发电场、风力—柴油发电系统及风力—其他再生能源联合发电系统等。

① 独立运行。风力发电机输出的电能经蓄电池蓄能，再供应用户使用，如图 3-9 所示。如用户需要交流电，则需在蓄电池与用户负荷之间加装逆变器。3~5kW 的风力发电机多采用这种运行方式，可供边远农村、牧区、海岛、气象台站、导航灯塔、电视差转台、边防哨所等电网达不到的地区利用。

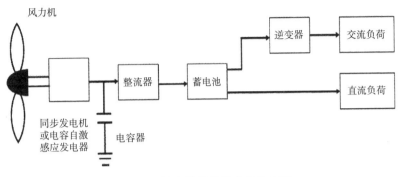

图 3-9 独立运行的风力发电系统

② 并网运行。风力发电机与电网连接，向电网输送电能。并网运行是克服风的随机性带来的蓄能问题最稳妥易行的运行方式，可达到节约矿物燃料的目的。10kW 以上直至兆瓦级的风力发电机都可采用这种运行方式。

并网运行可分为两种不同的方式，一是恒速恒频方式，即风力发电机组的转速不随风速的波动而变化，维持恒速运转，从而输出恒定频率的交流电。这种方式目前已普遍采用，具有简单可靠的优点，但是对风能的利用不充分，因为风力机只有在一定的叶尖速比的数值下才能达到最高的风能利用率。二是变速恒频方式，即风力发电机组的转速随风速的波动做变速运行，但仍输出恒定频率的交流电，这种方式可提高风能的利用率，因此成为追求的目标之一，但将导致必须增加实现恒频输出的电力电子设备，同时还应解决由于变速运行而在风力发电机组支撑结构上出现共振现象的问题。

③ 风力发电场。在风能资源丰富的地区按一定的排列方式成群安装风力发电机组，组成集群。这种集群内的风力发电机，少的有 3~5 台，多的可达几十台、几百台，甚至数千台。风力发电场内的风力发电机组的单机容量为几十千瓦至几百千瓦，也有达到兆瓦以上的。风力发电场属于大规模利用风能，其发出的电能全部经变电设备送往大电网。

④ 风力—柴油发电系统联合运行。采用风力—柴油发电系统可以实现稳定持续供电。这种系统有两种不同的运行方式，一是风力发电机与柴油发电机交替（切换）运行，风力发电机与柴油发电机在机械上及电气上没有任何联系，有风时由风力发电机供电，无风时由柴油发电机供电；二是风力发电机与柴油发电机并联运行，风力发电机与柴油发电机在电路上并联后向负荷供电，如图 3-10 所示。

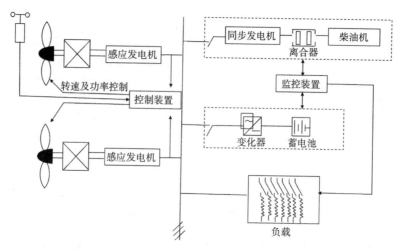

图3-10 风力发电机—柴油发电机并联系统

柴油发电机可以是连续运转的，也可以是断续运转的。当然，只有在柴油机断续运转时，才能显著地节省燃油。这种运行方式在技术上较复杂，需要解决在风况及负荷经常变动的情况下两种动态特性和控制系统各异的发电机组并联后运行的稳定性问题。在柴油机连续运转时，当风力增大或电负荷减小时，柴油机将在轻载下运转，会导致柴油机效率降低；在柴油机断续运转时，可以避免这一缺点，但柴油机的频繁启动与停机，对柴油机的维护保养是不利的。为了避免这种由于风力及负荷的变化而造成的柴油机的频繁启动与停机，可采用配备蓄电池短时储能的措施：当短时间内风力不足时，可由蓄电池经逆变器向负荷供电；当短时间内风力有余或负荷减小时，就经由整流器向蓄电池充电，从而减少柴油机的启停次数。此外，配备具有短期储能特性的飞轮也可以达到降低柴油机启停次数的目的。

⑤风力发电—太阳能电池发电联合运行。风力发电机可以和太阳能电池组成联合供电系统。风能、太阳能都具有能量密度低、稳定性差的弱点，并受地理分布、季节变化、昼夜变化等因素影响。我国属于季风气候区，冬季、春季风力强，但太阳辐射弱，夏季、秋季风力弱，而太阳辐射强，两者能量变化趋势相反，因而可以组成能量互补系统，并给出比较稳定的电能输出。利用自然能源的互补特性，增加了供电的可靠性，并使风力发电机及太阳能电池的容量较单独使用时要小。

风力—光伏联合系统有两种不同的运行方式，一是切换运行，即有风时由风力发电机供电，有太阳光时由太阳能电池方阵供电，这种方式简单，但系统的效率较低；二是同时供电运行，风力发电机与太阳能电池方阵同时向蓄电池组充电，可以充分发挥两者的效能，系统的效率高，风力发电机、太阳能电池方阵及蓄电池三者容量的选择（匹配）可根据风能、太阳能变化规律及负荷（用电量）变动规律得出。

3.2.1.4 风能发展面临的问题和挑战

（1）风电产业发展面临的问题。

① 产能供过于求。我国目前风电设备之根基制造企业已经超过了 70 家，仅仅是名列前茅的金风、华瑞、东汽、上汽四家企业，产能已经达到了 1 200 万 kW，2009 年全国新增风电装机容量大概是 800 万~900 万 kW，2010 年可能是 1 000 万 kW 或更多一些，2020 年有 1 亿 kW。供过于求的情况已逐渐凸显。

② 风电产业的质量问题。风电在我国发展很快，但在生产过程中质量问题还是不断发生，如齿轮箱、主轴、液压缸以及电机原件损害和雷击问题等，就是产品制造的质量问题。生产过程的控制、终端产品的检验、标准的修改和完善等方面的工作还有待提高。

另外，风电机组最苛刻的运行条件是在野外要能正常工作 20~25 年，投资就可以不断地回收，但是我们现在风电发展还没有几年，还没有到达事故高发期，如果质量不能过关的话就会出现问题。

③ 容量系数及关键零部件问题。目前全国平均的容量系数约为 0.2，而国际平均水平在 25%~30%，与国际水平相比处于较低水平。另外，关键零部件如电控、主轴轴承等的研发技术还处于较低水平，亟待提高。

④ 产业链需要进一步完善。风电产业的运行标准还需要进一步修改和完善，认证中心的能力建设要加强，国内认证要和国际认证互认；同时还需加快建全测试中心和试验风电场。

⑤ 电网瓶颈值得关注。2008 年，我国风电发展受电网制约问题更加突出。据了解，风电开发商大都遇到了风电接入难的问题，在已经运行的风电场中，因用电负荷等问题，风电被限制上网的情况很普遍，某风电厂因此损失了 30% 的电量。电网建设滞后的问题也时有发生，例如，内蒙古某风电场在建成半年后电网接入系统才到位。因此，风电发展规划和电网发展规划必须同步进行。

⑥ 海上风电处于示范试验阶段。虽然海上风电产业从 2008 年开始就逐渐应用，但对此还是要慎重，其成本比陆上风电系统要高出 50% 或是 100%。根据国家气象局最新分析模拟结果，离岸 20km、50m 高度的风能资源技术可开发量为 1 亿~2 亿 kW，从陆地 50m 高度上的风能资源技术可开发量为 6 亿~10 亿 kW。陆上风电成本低、资源丰富，我国开发风电还处于刚刚起步阶段，所以海上风电目前对我国来说还以研发和示范为主。

（2）风电产业发展面临的挑战。在 2013 北京国际风能大会暨展览会上，与会的电网公司、风能企业、协会的各个专家对制约我国风能产业发展的原因做了集中探讨，认为现今产业发展面临多重亟待解决的难题。

①计划电量体制不顺。目前，我国各省每年对于各类能源发电的使用量都有计划指标。对此，中国可再生能源学会风能专业委员会秘书长秦海岩表示，"各省计划电量的问题，是制约风电消纳很大的瓶颈，当然电网公司也有自己的苦衷"。

国家可再生能源研究所主任王仲颖对此进一步解释说，"2012年我国火电装机年运营小时数为4 950h。在西方发达国家，煤电机组能年运行3 000h就算高的了。如果我国煤电能让出2 000h的运行时间来，那8亿kW的火电装机就可以给8亿kW的风电装机做调峰。道理就这么简单，但实际上没做到。为什么不能压煤电呢？就是因为我们每年在用电方面都有上方下达的计划"。秦海岩认为，我国现行的计划电量体制欠合理。在现有体制中，风电不是优先上网。相反，火电是被保证的，每当有发电量计划，火电被优先考虑，而不是火电给风电调控让路。他表示，目前面临的最大问题就是，让火电发还是让风电发，归根到底就是让谁挣钱的问题。在现有的机制框架内，电网公司和电力部门如果想要把火电压下去，把风电抬上来，面临着极大阻力。由于涉及不同利益的平衡问题，因此电力体制的改革被认为是未来一个很关键的问题。

针对于此，内蒙古电力（集团）有限公司调度中心副主任侯佑华说道："火电和风电在国家给的发电年度计划中，都是按照比例来分配的，风电有慢慢逐年提高的趋势，但并不是大量的火电转给风电。虽然这样，这两年我们在运行过程中，也感到比较大的压力。近几年火电电量没有增长，增长的都是风电电量，这样（来自）火电公司的压力也是比较大的。"

王仲颖认为，想要在这方面取得突破，最重要的是需要体制创新推动。在国家战略方面，乃至立法层面，都需要决定哪种能源的电优先入网，要做到有据可依。同时，风电、煤电企业在技术方面也需要进一步发展以适应形势。

王仲颖举例说，最初的时候在欧洲，煤电也不是心甘情愿地给风电让路的，因为煤电也有煤电的运行特点，凭什么给风电让路呢？这是因为法律要求必须优先采购风电。

②价格机制不合理。除了计划电量的约束，风电消纳还跟我国用电定价体系有关。侯佑华特别提醒有关部门，要注意在目前条件下，企业和社会究竟能够承受多高的能源成本和价格。他认为，决定能源是否被市场认可的最重要因素，不是能源本身，也不是能源技术，而是能源价格。到目前为止，可再生能源的价格成本还是要高于煤电，如果我们国家要建设一个清洁的电网，将来价格机制可能是决定整个电力系统建设成败的关键因素。

秦海岩则认为，能源政策不应只考虑市场方面的价格，而是要考虑综合的经济效益。清洁能源虽然目前要花费更高一点的价格，但是对环境保护的溢出效应要多得多。清洁能源可以让民众呼吸清新的空气。

芬兰国家技术研究中心首席科学家 Hannele Holttinen 从投资和运营成本对二者价值层面做了分析，指出因现在风电投资成本更贵，导致发电总成本更高，电价更贵。但如果从运营成本来看，当风电并入电网的时候，几乎没有这种运营成本，会使整体成本降下来。

安元易如国际科技发展有限公司研究与咨询部总监 Sebastian Meyer 表示，新能源是一种稳定的能源系统，从供应和成本上都是比较稳定的。从长期经济发展来讲，这非常重要。有一些能源是来自于非可再生资源，它现在看起来价格便宜，但是可能在今后会变得越来越昂贵，这一点非常重要。

③ 风能分布不均。我国风资源集中、规模大，远离负荷中心，资源地市场规模小、难以就地消纳。如果当地风能的开发规模超过了当地的市场消纳能力，就给电网带来很大的挑战，需要把市场扩大，把电输送出去，这是当下风电并网面临的基本国情。

同时，风电本身具有随机性、波动性和间歇性特点，风电并网需要配套建设调峰电源。风电在昼夜、不同季节发电量差异较大。作为反调峰的电源，风电需要其他电源跟它做调节，要和诸如火电、水电等配合。我国"三北"地区大多以火电为主，并且火电里面大部分是热电。热电到了冬天，以热定电，基本上不调峰，白天发电机组运行达到100%，晚上90%。风电最好的季节是在冬季，并且是晚上，正好和热电是冲突的。这就给电网公司带来了双重难题，因此并网和消纳面临硬约束。

与此同时，风能集中且远离用电负荷中心，不可避免要涉及电力跨区输送的问题。而现今我国电网跨区输电能力不足，也是风电发展重要制约因素之一。以酒泉一个变电所为例，其目前并网的风电，加上太阳能装机容量，达到500万kW 的规模，这比著名的风电王国丹麦整个国家的装机还要多，客观上就形成了当地电网输出、消纳、调峰、系统稳定和控制等一系列的难题。

④ 电网配套规划不足。风电作为一种资源，它从规划、建设、运行及其整个过程是需要跟与它相关的各个因素要统筹谋划。不仅要和市场的规划衔接，还要和电网的规划和建设相衔接。但是前些年，在这方面落实得很不够，有了风电规划，但是没有明确市场，没有电网规划。

国家电网公司发展策划部主任张正陵表示，我国"十二五"风电规划早已颁布，但是"十二五"电网规划直到现在也没有出台。

3.2.1.5 风能的创新及发展趋势

（1）风能的创新。新能源开发与利用是世界各国关注民生及经济发展的重要战略，尤其风能开发利用，归属于产业范畴，其产业在一定程度上影响经济发展。

目前，世界上流行的传统的塔架式三叶片风轮发电机虽然已经商品化，具有结构简单、制造成本低、资金回收快的优点。但从能源利用效率看，这种塔架式三叶片风电机存在着捕获风能效率低、轻风难启动（$\leq 116\text{m/s}$）而大风又停转（$\geq 2017\text{m/s}$）这两大缺点，为此应该科学地采用以下多项先进和高效的新型风轮机技术，以克服传统风轮发电机的局限性。

① 相向旋转的双级叶轮风轮机。根据阿·贝茨（AlbertBetz）在1926年建立的原始论，单级转子的最大风能利用效率不超过5 913%，其理论的假设条件是风轮机的排风速度为进风速度的1/3，亦即相当于风轮机吸收了流进风能量（动能）的2/3，这是理想情况，实际上目前所有单级转子叶片达到以上理想效率是很困难的。目前，单级三片叶轮风力机很难达到40%的风能转换效率。中国空气动力研究与发展中心曾对单向旋转的水平轴风轮机进行了风洞实测，其风能转换效率只有23%~29%，即有71%~77%风能被单级叶轮结构的风轮机白白浪费掉了。美国阿帕（Appa）技术创新公司对多个相向旋转双级叶轮的风轮机的研究测试表明，前后安装相向旋转结构比单向单级叶轮风力机可以多获得30%~40%的风能。

试验测试证明，相向旋转双级叶轮风轮机比单级叶轮风力机具有以下3个优点：首先，提高风轮机风能转换效率30%~40%，相当于从同样的风电场中多获得30%~40%的功率；其次，两侧叶轮转子的力矩与质量彼此平衡，使风塔的重力力矩与弯曲应力大为减少，且双转子叶片系统的扰流、抖振现象更不容易发生，增强了风轮机运行稳定性，有利于保障风电机20年的技术寿命；再次，在规划建设限定的一定风电总功率条件下，采用双级叶轮结构风轮机的风电场的占地面积可以大大缩小，塔杆数量也大为减少。这样可使风电场经济上获益，额外成本投资回收期大为缩短，可吸引更多的开发商向风电场建设投资。

② 全永磁悬浮风轮发电机新技术。全永磁悬浮风轮发电机，其发电功率可提高20%以上，风轮机主轴、风电机主轴等均采用全永磁悬浮结构，其主要优点是转子和轴承处于真空条件下，又无接触、无机械摩擦、无须润滑，无振动、无噪声、无污染；可实现高转速、高精度、高刚度、高可靠性、高寿命；无须控制，无须机械维修，可使风电机运行20年技术寿命的指标得以保障。

全永磁悬浮轴承与传统的机械式轴承相比，还可以做到"轻风启动，微风发电"。其启动风速可以低到115m/s，大大低于传统风电机的315m/s，从而扩大了风轮机的风速工作范围，提高了风能的时间利用率，使年发电量增加，示范证明，可使风电成本下降50%。在成本上可与水电、煤电形成竞争。永磁材料是中国的资源优势，其储量占世界的85%以上，原料非常廉价。磁悬浮技术我国已自主掌握，这项新技术的研发成功和批量生产，使我国乃至世界的风能发电技术取得了关键性的突破。

③ 惯性飞轮储存电能。采用大中型惯性飞轮储能系统，其双向能量转换效率

可达到85%~95%，而化学电池能量转换效率最高仅有75%。效率比蓄电瓶高很多，而储能密度5倍于蓄电瓶。飞轮储存风电比蓄电瓶更耐久，而且放电深度大；完全充放电次数可超过1万次，比目前任何一种蓄电池释放的电能多出1个数量级。由于选用钕铁硼稀土永磁磁浮轴承，飞轮在真空环境下旋转，因而消除了机械摩擦、振动与噪声。飞轮部件采用强度高、质量轻的复合材料转子。飞轮电池中电子元器件的寿命可长达20年。目前飞轮储能已经商业化，但飞轮储能技术本身仍有不断发展和创新的空间。

此外，还有风光互补、风水互补、风柴互补、风能和生物能互补；采用计算机流体力学（CFD）设计叶片形状和计算机自动控制风电机组发电；采用在叶片端部增加副翼，用以增加风轮机的捕获风能效率等多项新技术。

（2）风能的发展趋势。风电在未来的发展趋势，首先是风电设备价格下降使风电上网电价下降，逐渐接近燃煤发电的成本，经济效益凸显。其次是项目建设时间缩短，见效比较快，水电和火电的项目建设周期需要用年来计算，但是在有风场数据的前提下，风电建设项目则可以用月或者周来进行计算。三是能够很好地控制温室效应的发展，加快发展风能的速度，能够很好减少造成温室效应的二氧化碳，使气候变暖的情况得到缓解，还能有效遏制沙尘暴灾害，阻止沙漠化的发展。四是对于那些偏远的山村也能够独立供电，风能发电是比较分散的供电系统，能够很好满足这些地区对能源的要求。五是风能发电场也能够变成旅游项目，能够很好地带动当地经济发展。在风电规模不断扩大的情况下，我国的各项经济指标也会相应提高，会使风电企业的竞争力以及企业的盈利能力有比较大的进步。国内企业应积极跟进世界上比较先进的技术，推动企业的技术进步和发展，降低企业的成本，建立起比较高效的销售体系，在服务、价格以及质量方面形成企业的核心竞争力，在技术、管理、研发以及生产效率方面达到世界一流水平。到2030年，大部分水资源有可能被开发完，到那个时候可能就会引来大规模的海上风电开发，同时东电西送也有可能实现。

近20年来风力发电迅猛发展，年递增率在25%左右，我国风力发电成本比较高，影响了我国风电的发展。更广泛、更有效地利用风能，提高风力发电的效益、降低其成本，对促进风电事业的发展具有十分重要的意义。

3.2.2 太阳能

3.2.2.1 太阳能技术的发展现状

太阳能是非常丰富的可再生能源，在寻求人类社会持续发展的进程中，利用太阳能采暖日益受到世界各国的重视。

（1）太阳能供暖技术。

① 太阳能供暖利用研究。

国外研究。早在 20 世纪 40 年代，美国麻省理工学院就开始研究利用太阳能集热器作为热源的供暖和空调系统，先后建成一些试验太阳房。这些试验太阳房，即是最早的主动式太阳房。大型太阳能供热系统起始于 20 世纪 70 年代末，是在开发太阳能供热系统的季节性储能技术过程中发展起来的，瑞典、荷兰与丹麦在太阳能供热领域的早期试验过程中扮演着领导者的角色。到目前为止，欧洲大约有 120 座太阳能集热器，超过 $500m^2$ 的太阳能供热厂在运行之中。

德国早在 20 世纪 80 年代就开始大规模应用太阳能供热技术，建筑中利用太阳能供暖和供应热水，该技术已经在德国居住区供热设置改造与配套建设中得到广泛推广和应用。德国汉堡 Bramfeld 区域供热工程于 1996 年建成，联排别墅总计 124 户，年热负荷 1 550MW·h，共安装 3 000m^2 太阳集热器，年平均太阳能保证率达 50%。从 2000 年开始，德国联邦教育科技部和经济技术部实施了太阳能区域供热政府项目，至 2003 年已建成 12 个太阳能区域供热示范工程、8 座季节蓄热小区热力站和 4 座短期蓄热小区热力站。

丹麦的大型太阳能供热厂都是用于小型区域供热系统中，所有的集热器都在地面安装。1987 年丹麦建立了第一个太阳能供热厂，其地面安装的太阳能集热器为 1 000m^2。1996 年，丹麦 Marstal Fjernvarme 公司建造了一个 8 000m^2 太阳能采集器并配备 2 100m^3 热水储罐的供热厂，用来负担整个城市 15% 的热负荷，目前这个供热厂的太阳能集热器已经扩大到 18 300m^2（供热能力 12.8MW），是目前世界最大的太阳能供热厂。最近一个建立的是 Brad- strup 公司太阳能供热厂，其占地面积约为 8 000m^2，供热能力为 4MW。

国内研究。广州大学建筑学院的裴清清对西北边疆某哨所楼进行了建筑热工分析和计算，计算出围护结构的得热量和耗热量，对平板型空气集热器、卵石床蓄热器及其他系统设备进行了设计与计算，简述了太阳能供暖系统集热、蓄热、供暖的运行控制方法。近年来，随着我国各类建筑节能设计标准的陆续发布及太阳能热利用产品性能日益提高，太阳能采暖越来越受到人们的重视，相继建成了一些太阳能采暖示范项目，如北京平谷新农村建设项目的新农村住宅、北京清华阳光公司办公楼、北京太阳能研究所办公楼、河北省唐山迁安市太阳能农村住宅、拉萨火车站等。但目前已建成的试点绝大部分为单体建筑太阳能采暖工程，太阳能区域采暖（小区热力站）工程还没有应用实践。太阳能区域采暖、跨季节蓄热供暖技术被列入"十一五"国家科技支撑计划项目中，中国建筑科学研究院科技园太阳能热水采暖和季节蓄热系统工程已基本完成示范项目建设。

2006 年 5 月，财政部、建设部启动"可再生能源建筑应用示范推广项目"，其中包括了较多的太阳能供热、采暖工程。在 2006—2007 年申报通过的 212 个项目中，太阳能 + 热泵综合的项目占 25%。这些项目的实施将极大地带动我国太阳能采暖技术的发展和提高。2006 年 9 月，国家设立可再生能源建筑应用专项资金，与建筑一体化的太阳能供热、采暖系统是专项资金支持的重点领域之一。

近年来，特别是在国家发改委和建设部联合召开 2007 年全国太阳能热利用大会后，很多省市地方政府颁布实施了促进太阳能热水器推广应用的激励政策，各地方政府强制安装的范围多为 12 层及以下的民用建筑，包括住宅建筑以及宾馆、餐厅等公共建筑，要求太阳能热水器与建筑同步设计、同步施工、同步验收。

② 太阳能供暖的分类。太阳能供暖系统按水循环的动力，可以分为自然循环式和强制循环式两种。

自然循环式热水系统。依靠集热器和贮水箱中的温差，形成系统的热虹吸压头，使水在系统中循环，与此同时，将集热器的有用能量收益通过加热水，不断蓄入贮水箱内，运行过程是在集热器中受太阳辐射能加热，温度升高，加热后的水从集热器的上循环管进入贮水箱的上部，与此同时，贮水箱底部的冷水由下循环管流入集热器，经过一段时间后，水箱中的水形成明显的温度分层，上层水达到可使用的温度。用热水时，由补给水箱向贮水箱底部补充冷水，将贮水箱上层热水顶出使用，其水位由补给水箱内的浮球阀控制，如图 3-11 所示。

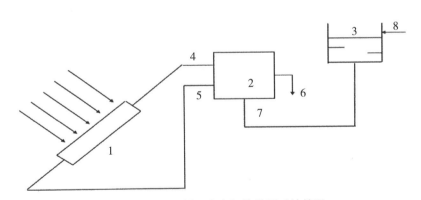

图 3-11　自然循环式太阳能供暖系统简图

1—集热器；2—循环水管；3—补给水箱；4—上循环管；
5—下循环管；6—供热水管；7—补给水管；8—自来水管

强制循环式太阳能供暖系统。分为设置或不设置换热器两种方式。这就是说，在寒冷地区，为了防止集热器在冬季被冻坏，在集热器与储水箱之间设置换热器，构成双循环系统，集热器一侧采用防冻液，从而解决了集热器的防冻问题。设置换热器的强制循环式太阳能供暖系统如图 3-12 所示。这两种强制循环式太阳能供暖系统有时也简称为直接加热和间接加热方式。

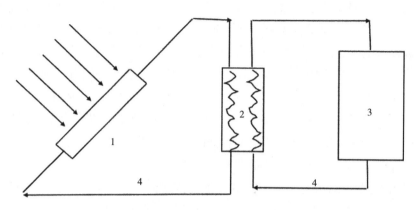

图 3-12 设置换热器的强制循环式太阳能供暖系统简图

1—集热器 ；2—换热器 ；3—水箱 ；4—循环水泵

太阳能采暖系统与常规能源采暖系统相比，有如下几个特点。

一是系统运行温度低。由于太阳能集热器的效率随运行温度升高而降低，因此应尽可能降低集热器的运行温度，即尽可能降低采暖系统的热水温度。若采用地板辐射采暖或顶棚辐射板采暖系统，则集热器的运行温度在 30~38℃就可以了，所以可使用平板集热器；而若采用普通散热器采暖系统，则集热器的运行温度必须达到 60~70℃或以上，所以应使用真空管集热器。

二是有储存热量的设备。照射到地面的太阳辐射能受气候和时间的支配，不仅有季节之差，一天之内也有变化，因此太阳能不是连续、稳定的能源。要满足连续采暖的需求，系统中必须有储热设备。对于液体太阳能采暖系统，储热设备可用储热水箱；对于空气太阳能采暖系统，储热设备可用岩石堆积床。

三是与辅助热源配套使用。由于太阳能不能满足采暖需要的全部热量，或者在气候变化大而储存热量又很有限时，特别在阴雨雪天和夜晚几乎没有或根本没有日照，因此太阳能不能成为独立的能源。太阳能采暖系统的辅助热源可采用电力、燃煤、燃气、燃油和生物质能等。

四是适合在节能建筑中应用。由于地面上单位面积能够接收的太阳辐射能有限，因此要满足建筑物采暖的需求且达到一定的太阳能保证率，就必须安装足够多的太阳能集热器。如果建筑围护结构的保温水平低，门窗的气密性又差，那么有限的建筑围护结构面积不足以安装所需的太阳能集热器面积。

③ 太阳能供暖的原理。太阳能供暖系统由太阳能集热系统、水循环系统、风循环系统及控制系统组成，如图 3-13 所示。在太阳能集热系统中集热器按最佳倾角放置，防冻介质在太阳能集热器吸收热量后，从集热器上的集管流入板式换热器，在板式换热器中与来自水箱的水循环进行换热后，经过水泵，由集热器的下

集管进入太阳能集热器继续加热。板式换热器的另一侧与蓄热水箱相连,当蓄热水箱从板式换热器吸收热量后,蓄热水箱内温度上升,水温也随之升高。这样不断对流循环,水温逐渐提高,直到集热器吸收的热量与散失的热量相平衡时,水温不再升高。补给水箱供给蓄热水箱所需的冷水。

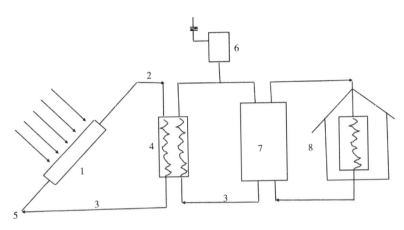

图 3-13　太阳能供暖系统简图

1—集热器;2—上水管;3—水泵;4—板式换热器;
5—下水管;6—补给水箱;7—蓄热水箱;8—用户

④ 太阳能集热系统关键设计基础。太阳能集热系统一般包括太阳能集热器、储水箱及连接管线和调节控制阀门等,强制循环系统包括水泵,间接系统包括换热器,闭式系统还包括膨胀罐。

一是太阳能集热器的定位。在太阳能系统设计时,集热器面积计算涉及一个很关键的参数——集热器安装倾斜面的年平均日辐射量,它除了与安装地点的太阳能资源有关外,还与集热器安装倾斜面的倾角和方位角有关。

为了保证有足够的太阳光照射在集热器上,集热器的东、南、西方向不应有遮挡的建筑物或树木。为了减少散热量,整个系统宜尽量放在避风口,如尽量放在较低处。最好设阁楼层等将储水箱放在建筑内部,以减少热损失。为了保证系统总效率,连接管路应尽可能短,对自然循环式这一点格外重要。

太阳能系统集热器安装位置的选择,应根据建筑物类型、使用要求、安装条件等因素综合确定,一般安装在屋面、阳台或朝南外墙等建筑围护结构上。根据计算得到的集热器总面积,在建筑围护结构表面不够安装时,可按围护结构表面最大容许安装面积确定集热器总面积。

太阳能集热器采光面上能够接收到的太阳光照会受集热器安装方位和安装倾角的影响,根据集热器安装地点的地理位置,对应有一个可接收最多的全年太阳光照辐射热量的最佳安装方位和倾角范围，该最佳范围的方位是正南，或南偏东、偏西10°，倾角为当地纬度±10°。当安装方位偏离正南向的角度再扩大到南偏东、偏西30°时，集热器表面接收的全年太阳光照辐射热量只减少了不到5%，所以，推荐的集热器最佳安装范围是正南，或南偏东、偏西30°，倾角为当地纬度±10°。

全年使用的太阳能热水系统，集热器安装倾角等于当地纬度。如系统侧重在夏季使用，其安装倾角推荐采用当地纬度减10°；如系统侧重在冬季使用，其安装倾角推荐采用当地纬度加10°。

如果太阳能集热器的位置设置不当，受到前方障碍物或前排集热器的遮挡，系统的实际运行效果和经济性都会大受影响，所以，需要对放置在建筑外围护结构上太阳能集热器采光面上的日照时间做出规定。冬至日太阳高度角最低，接收太阳光照的条件最不利，规定此时集热器采光面上的日照时数不少于4h。由于冬至前后10点之前和14点之后的太阳高度角较低，系统能够接收到的太阳能热量较少，对系统全天运行的工作效果影响不大；如果增加对日照时数的要求，则安装集热器的屋面面积要加大，在很多情况下不可行，所以，取冬至日日照时间4h为最低要求。集热器遮挡问题分为两类：一类是集热器前方有建筑物，在某一时刻建筑物遮挡投射到集热器的阳光；另一类是平行安装的集热器阵列，前排对后排的遮挡。前一类，由于建筑物相对于集热器的方位和建筑物宽度对遮挡均有影响，很难用简单公式描述相关关系，可以利用软件进行分析。当建筑物与集热器平行且宽度较大时，可以类同于第二类遮挡问题处理。

二是太阳能集热器的连接。集热器连接方式对太阳能系统中各个集热器的流量分配和换热均有影响。集热器的连接方式主要有3种。串联：一台集热器出口与另一台集热器入口相连；并联：一台集热器的出、入口与另一台集热器的出、入口相连。混联：若干集热器并联，各并联集热器组之间再串联，这种混联称为并串联；若干集热器串联，各串联集热器组之间再并联，这种混联称串并联。并联连接方式的系统流动阻力较小，适宜用于自然循环系统，但并联的组数不宜过多，否则会造成集热器之间流量不平衡。12片集热器组成的并联系统，在流量大时，集热器间工作温度可相差22℃，会影响集热器平均效率。

强制循环系统，动力压头较大，可根据安装需要灵活采用并串联或串并联。集热器组并联时，各组并联的集热器数应该相同，这样有利于各组集热器流量的均衡。对于每组并联的集热器组，集热器的数量不宜超过10片，否则始末端的集热器流量过大，而中间的集热器流量很小，造成系统效率下降。

集热器组中集热器的连接尽可能采用并联，串联的集热器数目应尽可能少。根据工程经验，平板型集热器每排并联数目不宜超过16个；热管真空管集热器串联时，集热器的联箱总长度不宜超过 20m；全玻璃真空管东西向放置的集热器，在同一斜面上多层布置时，串联的集热器的联箱总长度不宜超过 6m。对于自然循环系统，每个系统全部集热器的数目不宜超过 24 个，大面积自然循环系统，可以分成若干子系统。

三是太阳能集热器面积的确定。直接式太阳能采暖系统集热器面积根据集热器性能、当地辐射条件、采暖需求工况等参数确定，见式（3-6）。

$$Ac = \frac{3\,600 T Q_H f}{J_T c d \eta_{cd}(1-\eta_L)} \tag{3-6}$$

式中，Ac 为直接式太阳能采暖系统集热器总面积，m^2；T 为每日采暖时间，h；Q_H 为日平均采暖负荷，W；J_T 为系统使用期当地在集热器平面上的平均日太阳能辐照量，J/m^2；f 为太阳能保证率；η_{cd} 为系统使用期的平均集热效率；η_L 为管道及储水箱热损失率，一般取值 0.2~0.3。

间接式太阳能系统集热器面积的确定。间接系统与直接系统相比，换热器内外存在温差，系统加热能力相同时，太阳能集热器平均工作温度高于直接式系统，集热器效率降低。所以，获得相同热水，间接系统集热器面积要大于直接系统。间接系统集热器面积计算见式（3-7）。

$$A_{IN} = Ac(1+\frac{F_R U_L A_C}{U_{hx} A_{hx}}) \tag{3-7}$$

式中，A_{IN} 为间接系统集热器总面积，m^2；$F_R U_L$ 为集热器总热损系数，$W/(m^2 \cdot ℃)$；U_{hx} 为换热器传热系数，$W/(m^2 \cdot ℃)$；A_{hx} 为换热器换热面积，m^2。

（2）太阳能—化学能转化技术。太阳能转化成化学能的过程包括光化学作用、光合作用和光电转换，其中光分解制氢、绿色植物的光合作用、热化学反应合成燃料等正是太阳能—化学能的应用实例。

① 光合作用。人类生存所依赖的能源和材料都是光合作用的结果（例如，粮食、煤炭和石油等）。化学染料、绿色植物和藻类植物通过光合作用，将 Cn（H_2O）、mCO_2 和 H_2O 转化为碳水化合物及 O_2，这是生命活动的基础。

$$nCO_2+mH_2O \longrightarrow Cn（H_2O）m+nO_2$$

光合作用包括两个步骤：光反应和暗反应。

光反应是在叶绿体的囊状结构上进行太阳光参与的反应。暗反应在有关酶催化下叶绿体基体内反应，不需阳光参与。在光合作用中，暗反应是将活跃的化学能转变为稳定的化学能，形成了葡萄糖将能量储存，而光反应则是先将光能转变为电能，再将电能转变为活跃的化学能。暗反应是按续光反应进行的，如果利用光合作用发电，关键步骤是光反应的第一步，在光能转化电能时设法将电能输出。

光合作用高效吸能、传能和转能的机理和调控原理是光合作用的理论核心。人类关于光合作用的研究至今没有重大突破，但是在基因工程、蛋白质工程、生物电子器件、生物发电等领域取得了重要成就。光合作用利用生化反应进行能量转化将是未来新能源开发的重要组成部分，甲醇、乙醇燃料应是重要的开端。

② 光化学作用。氢是一种理想的高能物质和清洁能源，水是地球上丰富的资源，如果用太阳能通过分解水来制取氢，是一种理想的开辟新能源的途径。但研究发现，水不吸收可见光，不可能直接将水分解，必须借助于光催化剂。目前光催化制氢的研究主要包括两类，一是半导体催化光解水制氢；二是络合物模拟光合作用光解水制氢。

③ 光电转化。利用太阳能转化为电能用于制氢目前主要有两种方式，一是太阳能电池转换的电能电解水制氢；二是导体电极直接注入水中制氢。

（3）太阳能光伏发电技术。

太阳能光伏发电已经成为可再生能源领域中继风力发电之后产业化发展最快、最大的产业。与水电、风电、核电等相比，太阳能发电具有无噪声、无污染、制约少、故障率低、维护简便等优点，并且应用技术逐渐成熟，安全可靠。除大规模并网发电和离网应用外，太阳能还可以通过抽水、超导、蓄电池、制氢等多种方式储存，太阳能和蓄能几乎可以满足中国未来稳定的能源需求。太阳辐射能经太阳能电池转换为电能，再经过能量存储、能量变换控制等环节，向负载提供合适的直流或者交流电能。

① 太阳能光伏发电利用研究。国外研究。经过几十年的发展，澳大利亚新南威尔士人研制的单晶硅光伏电池效率已达 23.7%，多晶硅电池效率突破 19.8%。薄膜电池是在廉价衬底上采用低温设备技术沉积半导体薄膜的光伏器件，材料与器件设备同时完成，工艺技术简单，便于大面积连续化生产；设备能耗低，缩短了回收期。太阳能电池实现薄膜化，大大节省了昂贵的半导体材料，具有大幅度降低成本的潜力，是当前国际上研究开发的主要方向。

光伏发电最初需要依靠政府在政策和资金方面的支持与帮助，现在逐渐商业化。预计今后 10 年，光伏组件的生产将以每年增长 20%~30% 甚至更高的递增速度发展，到 2010 年达到 4 600MW/ 年的生产量，总装机容量达到 18GW。国际光伏产业在 20 世纪末的 10 年中平均年增长率为 20%，从 1991 年的 55MW 增长到 2000 年的 287MW。进入 21 世纪以来，全球光伏组件的年均增长率高达 30%以上，光伏产业成为全球发展最快的新兴行业之一。根据各国的规划，到 2030年全球光伏发电装机容量将达到 300GW（届时整个产业的产值有可能突破 3 000亿美元），到 2040 年光伏发电将达到全球发电总量的 15%~20%。按此计划推算，

2010—2040 年，光伏行业的复合增长率将高达 25% 以上。

日本在光伏发电与建筑相结合方面已经做了十几年的努力，到 2010 年光伏屋顶发电系统总容量达到 7 600MW。1997 年 6 月，美国前总统克林顿宣布实施"百万个太阳能屋顶计划"，计划到 2010 年安装 100 万套太阳能屋顶。其他许多发达国家也都有类似的光伏屋顶发电项目或计划，如荷兰、瑞士、芬兰、奥地利、英国、加拿大等。

国内研究。我国光伏发电技术有了很大的发展，光伏电池技术不断进步，与发达国家相比有差距，但差距在不断缩小。光伏电池转换效率不断提高，目前单晶硅电池实验室效率达 20%，批量生产效率为 14%，多晶硅实验室效率为 12%。

20 世纪 90 年代以来是我国太阳能光伏发电快速发展的时期，在这一时期我国光伏组件生产能力逐年增强，成本不断降低，市场不断扩大，装机容量逐年增加，2004 年累计容量达 35MW，约占世界份额的 3%。

到 2020 年前，我国太阳能光伏发电产业将不断地完善和发展，成本将不断下降，太阳能光伏发电市场将发生巨大的变化。2005—2010 年，我国的太阳能电池主要用于独立光伏发电系统，发电成本到 2010 年约为 1.20 元 /（kW·h）；2010—2020 年，太阳能光伏发电将会由独立光伏发电系统转向并网发电系统，发电成本到 2020 年将约为 0.60 元 /（kW·h）。到 2020 年，我国太阳能光伏发电产业的技术水平有望达到世界先进水平。

② 太阳能光伏发电系统分类。太阳能光伏发电系统是利用太阳能电池的光伏效应，将太阳光辐射能直接转换成电能的一种新型发电系统。一套基本的光伏发电系统一般是由太阳能电池板、太阳能控制器、逆变器和蓄电池（组）构成。根据不同场合的需要，太阳能光伏发电系统一般分为独立供电的光伏发电系统、并网光伏发电系统、混合型光伏发电系统 3 种。

一是独立供电的光伏发电系统。独立供电的太阳能光伏发电系统如图 3-14 所示。整个独立供电的光伏发电系统由太阳能电池板、蓄电池、控制器、逆变器组成。太阳能电池板作为系统的核心部分，其作用是将太阳能直接转换为直流形式的电能，一般只在白天有太阳光照的情况下输出能量。根据负载的需要，系统一般选用铅酸蓄电池作为储能环节，当发电量大于负载时，太阳能电池通过充电器对蓄电池充电；当发电量不足时，太阳能电池和蓄电池同时对负载供电。控制器一般由充电电路、放电电路和最大功率点跟踪控制组成。逆变器的作用是将直流电转换为与交流负载同相的交流电。

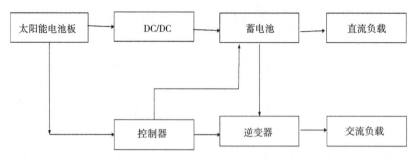

图 3-14　独立运行的太阳能光伏发电系统结构框

　　二是并网光伏发电系统。并网光伏发电系统如图 3-15 所示,光伏发电系统直接与电网连接,其中逆变器起很重要的作用,要求具有与电网连接的功能。目前常用的并网光伏发电系统具有两种结构形式,其不同之处在于是否带有蓄电池作为储能环节。带有蓄电池环节的并网光伏发电系统称为可调度式并网光伏发电系统,由于此系统中逆变器配有主开关和重要负载开关,使系统具有不间断电源的作用,这对于一些重要负荷甚至某些家庭用户来说具有重要意义;此外,该系统还可以充当功率调节器的作用,稳定电网电压、抵消有害的高次谐波分量,从而提高电能质量。不带有蓄电池环节的并网光伏发电系统称为不可调度式并网光伏发电系统。

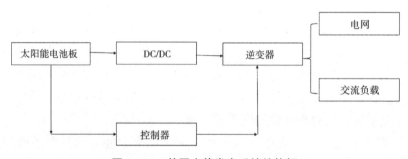

图 3-15　并网光伏发电系统结构框

　　三是混合型光伏发电系统。混合型光伏发电系统如图 3-16 所示,它区别于以上两个系统之处是增加了一台备用发电机组,当光伏阵列发电不足或蓄电池储量不足时,可以启动备用发电机组,它既可以直接给交流负载供电,又可以经整流器后给蓄电池充电,所以称为混合型光伏发电系统。

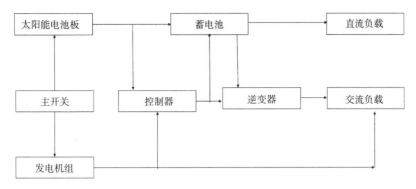

图 3-16　混合型光伏发电系统结构框

（4）太阳能光伏发电原理。

① 发电原理。光伏发电是利用半导体界面的光生伏特效应，将光能直接转化为电能的一种技术。太阳能电池芯片是具有光电效应的半导体器件，半导体的 PN 结被光照后，被吸收的光激发被束缚的高能级状态下的电子，使之成为自由电子，这些自由电子在晶体内向各方向移动，余下空穴（电子以前的位置）。空穴也围绕晶体飘移，自由电子（−）在 N 结聚集，空穴（＋）在 P 结聚集，当外部环路被闭合，产生电流。太阳能电池的发电原理如图 3-17 所示。

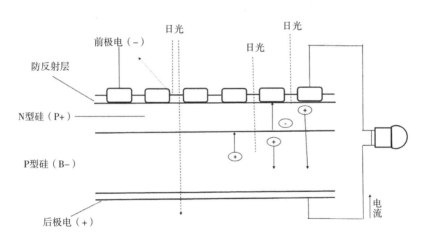

图 3-17　太阳能电池发电原理

② 太阳能电池。太阳能电池可分为 3 类。第一类是单晶硅太阳能光伏电池。硅系列太阳能光伏电池中，单晶硅太阳能光伏电池转换效率最高，技术最成熟（一般都采用表面织构化、发射区钝化、分区掺杂等技术），使用寿命也最长。但是，由于受单晶硅太阳能光伏电池材料价格及相应繁琐的电池工艺的影响，单晶硅成本价格居高不下，大幅度降低其成本非常困难。第二类是非晶硅薄膜太阳能光伏

电池。它具有资源丰富、制造过程简单且成本低的优点，因此便于大规模生产，但是与晶体硅太阳能光伏电池相比，光电转换效率较低，稳定性较差。第三类是多晶硅薄膜太阳能光伏电池。通常的晶体硅太阳能电池是在厚度 350~450pm 的高质量硅片上制成的，为了节省材料，人们采用化学气相沉积法制备多晶硅薄膜电池，通常先用低压化学气相沉积在衬底上沉积一层较薄的非晶硅层，再将这层非晶硅层退火，得到较大的晶粒，然后再在这层籽晶上沉积厚的多晶硅薄膜，因此，再结晶技术无疑是很重要的一个环节。多晶硅薄膜电池由于所使用的硅远较单晶硅少，无效率衰退问题，并且还有可能在廉价衬底材料上制备，其成本价格远低于单晶硅电池，而效率又高于非晶硅薄膜电池。

太阳能电池的材料。在现在的太阳能电池产品中，以硅半导体材料为主，即单晶硅与多晶硅电池板。由于它们原材料的广泛性，较高的转换效率和可靠性，被市场广泛接受。其中多晶硅太阳能电池性价比最高，是结晶类太阳能电池的主流产品，占现有市场份额的 70% 以上。非晶硅在民用产品中也有广泛的应用如电子手表、计算器等，但是它的稳定性和转换效率劣于结晶类半导体材料（彩插图 3-6）。

太阳能电池板。电池板从上至下分别由白玻璃、EVA（粘接膜）、减反射涂层、太阳能电池板芯片、EVA（黏接膜）、TPT（聚氟乙烯复合膜）与外边框组成（彩插图 3-7）。

3.2.2.2 太阳能发展面临的问题和挑战

研究表明，我国太阳能产业的发展依然存在问题。作为我国发展较为成熟的太阳能热能利用，尽管在同类技术、市场上都处于世界领先地位，但是太阳能热能利用主要集中在传统的热水器方面，在太阳能热能发电、高分子材料、太阳能与建筑相结合等技术应用领域没有突破，与发达国家相比，产业强而不大。另一方面，太阳能热能利用方面的产品中，大部分产品化程度不高，系统质量存在不稳定因素。同时多数生产商不重视对现有产品的升级换代，产品不能完全满足当前消费者的需求。再加上太阳能热水器质量问题实有发生，整个行业服务质量普遍不高，继续完善、发展我国可再生能源的目标任重道远。

（1）太阳能电池发展面临的问题。

① 产业结构畸形，上游原料和下游应用市场严重依赖海外。尽管过去几年我国太阳能电池产业发展迅速，但仍没有改变上游原料和下游应用市场严重依赖海外的"两头在外"畸形产业结构。

一是产业链上游在外，国内企业无技术。由于科技水平制约，我国至今尚无法自主生产太阳能电池产业的核心器件——高纯度多晶硅，近 90% 需要进口，上游的多晶硅产业的提纯核心技术主要掌握在美国、挪威、德国、日本等七大企业手中。他们垄断了全球多晶硅料供应，抬高了太阳能电池企业的生产成本，削弱了中国产品在国际市场的竞争优势。

二是产业链下游在外，国内企业无市场。我国太阳能电池产业的产能快速增长，但国内市场需求的"原动力"不足，90%以上的产品销往国外。目前国内对太阳能电池的市场需求，主要依靠国家"无电县送电""送电到乡"等大型工程，且大多集中在中西部地区，消费能力有限。由于缺少政策的支持，国内市场开发严重滞后。

三是我国光伏产业议价、抗风险能力低。"两头在外"畸形产业结构是导致我国光伏产业议价能力低的重要原因。在产业上游，掌握核心技术的国外七大晶体硅材料供应商，在产业链中处于主导地位；在产业下游，近年来尽管我国加快了太阳能发电市场的开发，但全球主要市场仍集中在欧美和日本。西班牙市场的急剧萎缩，以及2017年德国政策的趋冷化，造成了全球太阳能发电市场增速放缓，直接冲击着我国太阳能电池产业。

② 原料产地对多晶硅价格没有发言权。多晶硅产业的弱势地位始终困扰着我国光伏电池产业，最大的原因是国外技术壁垒。但是国内多晶硅产业并非没有优势，多晶硅上游原料冶金硅80%产自我国。近年来，我国金属硅的产能大幅度扩张，从20世纪70年代的2万多t，增长到目前的200多万t。现有500多家金属硅生产企业中，能正常生产的只有200多家，产能利用率50%左右。我国虽然拥有巨大的资源优势，却没有把优势转化为胜势，反而完全受制于国际大企业。其根本原因在于没有形成铁矿石领域"三巨头"那样的规模化优势，而是一些中小企业各自为战，且存在恶性竞争。

③ 美国对国内新能源的301调查。2010年9月9日，美国最大的工会组织之一美国钢铁工人联合会（USW）按照《1974年美国贸易法案》第301节的规定，向美国贸易代表（US-TR）办公室提交了长达5 800页的诉状，称中国政府给予新能源企业高额补贴以提高中国风电、太阳能的价格优势，影响美国就业，同时指责中国对外国企业参与招标采取歧视性限制。10月15日，美国贸易代表处决定对中国新能源进行调查。该项调查将对我国风能、太阳能、高效电池和新能源汽车行业造成较大影响，涉及154家中国新能源企业。据了解，2010年1—8月，国内出口美国的太阳能电池板只占全球出口量的4.57%，总额不到5个亿，且75%为加工贸易，原材料多晶硅80%从美国进口；而国内加工的所有太阳能组件的原材料多晶硅40%从美国进口；同时，累计占国内光伏组件出口量50%以上的无锡尚德、保利新能源、天威英利三家企业都是美国上市公司，绝大部分利润由美国企业和股民获得。

④ 欧美贸易壁垒的威胁。2009 年后，欧美企业将反倾销焦点转向中国太阳能电池，包括全球最大的太阳能电池制造商德国 Q-cells、美国 Sunpower 等大企业都已向官方反映，期望当地政府能重视中国低价竞争对于本土业者的冲击。德国太阳能电池厂 Solarworld 等业者联合游说德国政府与欧盟，认为国内太阳能业者受政府不当补贴，并以低价策略抢进其市场，应对中国进行某种程度的制裁。

⑤ 政策拉动对国内市场效应有限。2009 年之后，我国政府相继出台了"太阳能屋顶计划""金太阳工程"等政策措施，但市场效应有限，根本问题是上网电价问题未得到解决。德国、西班牙等国的财政补贴正是从此处下手，使太阳能电池行业出现了爆发性的增长。而"金太阳工程"补贴的重点则是集中在安装侧，并未解决上网电价这一实质性问题。

（2）太阳能汽车面临的问题。

① 太阳能的采集与转换问题。根据一般的材料应用与技术能力，太阳能转换率只能达到 20% 左右，难以满足汽车高速行驶所需要的足够动力，而 7~8m^2 的太阳能电池板导致车身过大而转动不灵活，内部空间过于狭小。除此之外，电机、电控也是太阳能汽车发展的关键技术。用于电动汽车的电机有很多种类，目前太阳能车用电机通常有直流电机、交流诱导电机、永磁同步电机 3 种，其中交流诱导电动机存在效率滑落的缺点，永磁电机价格过高，所以目前太阳能车多用直流电机，而直流电机的工作效率也有待提高。

② 制价太高。为了使车体轻且速度快，太阳能车普遍采用质轻价贵的航天、航空材料，造价昂贵，所以开发新的、经济的替代材料迫在眉睫。参加 2002 年太阳能电动车友谊赛的几辆车中，清华大学制作的"追日号"太阳能汽车造价 200 万元人民币，美国密苏里·罗拉大学的 Solar Miner Ⅲ、美国普林学院的 Ra Ⅳ 都在 40 万美元以上，这主要是所采用的电池板及所用材料昂贵造成的。以清华大学的"追日号"为例，其采用的电池板是我国第五代产品，太阳能转化率只能达到 14%，造价很高，为得到 1W 的电量需要花费 100 元人民币。

③ 汽车公司及石油公司缺少生产推广太阳能汽车的内在需求。因为目前的许多汽车公司都处于高利润期，不愿意投资开发新一代太阳能汽车。某些公司研发太阳能车也是处于宣传导向和企业形象的考虑，而没有大力发展，投入市场的决心。

（3）太阳能发展面临的挑战。2016 年，太阳能行业正以新的姿态迎接"十三五"绿色发展机遇的到来。深刻认清我们所面临的行业形势，才能正确地对待这些机遇与挑战。

① "十三五"规划如何落地。2017 年国家能源局给光热产业提出一个很大的

指标，即"十三五"期间我国光热产业的保有量最低要达到 8 亿 m²，这对光热产业来说既是一个重大机遇也是一个挑战。假如按照该规划，到 2020 年，热利用行业的保有量将在现有基础上新增 5.5 亿 m²，这就意味着未来五年内，太阳能热利用保有量的平均年增长率将达到 16.8%。这一指标对于保有量正逐年放缓的行业来说，似乎是一件几乎不可能完成的任务。规划如何落地，需要光热企业在坚守之中寻找破冰之道。

② 产能过剩如何消化。产能过剩是维持我国经济持续稳定发展亟待解决的问题，除了在传统行业存在外，在光伏设备、风电设备、新材料等新兴产业也较为严重，太阳能光热产业也未能避免。由于盲目投资、低水平重复建设，整个太阳能产业产能大大超过市场需求，太阳能热水器产品产能严重过剩，产品同质化严重，难以满足新兴市场需求。解决产能过剩问题已势在必行。

③ 零售下滑趋势如何抑制。受国内外经济大环境的影响，近年来太阳能热水器零售行业整体销量连年下滑。《2015 上半年太阳能热利用产业运行状况报告》指出，2015 年上半年，整个太阳能热水器零售市场占比 45.3%，比重继续下降。工程市场的持续增长赶不上零售市场下滑的速度。如何抑制零售下滑将是又一挑战。

④ 无底线价格竞争如何遏制。太阳能工程市场的快速发展及激烈竞争导致了低价竞标、产品参差不齐等诸多问题。规模小、质量差、服务弱的杂牌企业依靠低价格占领市场，给真正高投入进行产品研发的优秀企业带来冲击，极大地影响太阳能热水器的产业形象，阻碍了太阳能热水器的推广使用。如何从源头防止同质化低价竞争，需要全行业的共同努力。

⑤ 新产品新技术能否获得重大突破。目前，太阳能热利用行业面临着太阳能产品技术含量低、研发投入不足、创新能力差的问题，需要企业走差异化发展道路，增加科技投入，突破新产品新技术。需要以新的思维不断创新，从而带动太阳能热利用行业的技术进步和产业升级。

⑥ 如何应对电燃竞品的市场蚕食。近年来，中国热水器市场竞争激烈，给太阳能热水器带来了一定的挑战。燃气热水器因为即热、节能的优势，发展势头正旺盛；电热水器价格便宜，安装使用方便快捷，抢占更多的市场份额。而太阳能热水器受制于政策透支消费，以及农村市场单条腿走路困局，仍然无法走出下跌的通道。如何正确应对竞品的市场蚕食，需要太阳能热水器自身的创新与提升。

⑦ 行业标准化如何执行。2015 年太阳能光热行业启动多项标准，但是仍存在着标准宣传贯彻及时性不行、执行力度不够等问题，如何严格贯彻实施这些光热标准，需要太阳能企业共同宣传、贯彻、监督标准的实施，彻底消灭无标化生产，把标准落到实处。

3.2.2.3 太阳能的创新及发展趋势

（1）太阳能的创新。

① 低温储粮。太阳能吸附式制冷低温储粮的原理是利用平板或真空管集热器采集太阳的辐射能加热水箱中的水，热水进入吸附制冷机组，通过加热升温后，使制冷剂从吸附剂中解吸出来，吸附床内压力升高，解吸出来的制冷剂进入冷凝器，经冷却介质冷却后凝结为液态，进入蒸发器减压蒸发，制冷剂蒸发的同时吸收带走周围的热量起到制冷效果，低温的制冷剂通过盘管换热器用风机将较低温的冷气送至粮仓的上层空间。低温气态的制冷剂被送回吸附床中被吸附剂吸附，进行下一轮的制冷循环，达到低温储粮的目的。

太阳能吸附式低温储粮制冷系统由 4 个子系统构成：太阳能热水子系统、吸附制冷机组、风机盘管及冷却塔。太阳能热水子系统利用真空管集热器采集太阳能加热水箱中的水，用于提供 65~85℃的热水驱动吸附制冷机组，分层热水箱容积为 $0.6m^3$，冷却塔的流量为 $8m^3/h$，用于提供冷却水以带走吸附制冷机组的冷凝热、吸附热及吸附器显热。在 85℃的热水入口温度，32℃冷却水入口温度及 18℃冷冻水出口温度的设计情况下，吸附制冷机组的制冷功率约为 8.0kW。制冷系统采用额定制冷功率为 8.5kW 的低温热水硅胶——水吸附式制冷机，在仓顶安装约 $40m^2$ 空管太阳能集热器以获得驱动硅胶——水吸附式制冷机所需的热水，该太阳能制冷系统在 $16~21MJ/m^2$ 的太阳辐射强度下，系统每天能运行 7~9h，日平均制冷功率为 3.3~4.4kW。

太阳能吸附式低温储粮具有以下优点：太阳能是一种环境友好、可再生的能源；太阳能制冷术使用无氟制冷剂，能吸收太阳辐射，减弱热岛效应，也满足环保的要求；与机械压缩式的谷物冷却机比较，太阳能吸附式制冷具有结构简单、安全性好、运行费用低、无运动部件、噪声小、寿命长等优点；太阳能吸附式制冷低温储粮具有良好的夏季适应性，太阳辐射越强，越是需要粮食降温的时候，其系统制冷量越大，可实现夏季高温季节的粮食储藏安全。

② 太阳能多晶硅制备新技术。多晶硅的严重短缺引起全球多晶硅业内外人士的广泛关注，各大企业与研究机构都争相开发低成本、低能耗的太阳能级硅制备新技术与新工艺，并趋向于把生产低纯度太阳能级硅的工艺和生产高纯度电子级硅的工艺区分开来，进一步降低成本。主要采用新西门子法这项新技术，积极应对太阳能级多晶硅制备新技术、新工艺发展的挑战。

目前，国际主流厂商大多采用西门子法进行多晶硅的生产。方法是在流化床反应器中混合冶金级硅和氯化氢气体，最后得到三氯氢硅，随后将三氯氢硅多级精馏后得到高纯三氯氢硅气体，随后将三氯氢硅气体和高纯的氢气混合后通入化学气相沉积炉中，在 1 100℃的高温下发生化学反应，析出的高纯硅就会沉积在硅芯上，这样就可以得到纯度为 99.999 999 9% 9 个 9 以上的硅。目前国内外采用的基本上都是这个工艺路线。在国际上，有的公司实现了生产过程中的气体闭路循环，大大降低了生产成本和环境污染，有的公司通过完整的产业链实现了副产品的重复利用。在国内，大多数工厂都采用西门子技术生产多晶硅。

③ 太阳能烟囱发电。太阳能烟囱式发电不需要高技术设备和人才，运行与维修简便，采用空气涡轮机，适合于缺水地区，可就地取材。该方式是解决广大发展中国家由于缺乏电力致使经济长期处于停滞状态问题的好办法。

太阳能烟囱式热力发电是 20 世纪 80 年代首先由斯图加特大学的乔根·施莱奇教授及其合作者提出并进行了长期的试验研究，其基本原理是利用太阳能集热棚加热空气以及烟囱产生上曳气流效应，驱动空气涡轮机带动发电机发电。这种发电方式无需常规能源，其动力供给完全来自于集热棚下面因太阳辐射所产生的热空气。基于这一原理构建的太阳能烟囱式热力发电系统由太阳能集热棚、太阳能烟囱和空气涡轮发电机组组成，属于现有三项成熟技术的创新性组合应用。其主要特点如下，一是太阳能集热棚能同时利用太阳直射辐射和散射辐射，这一点对多云天气热带国家至关重要；二是可在集热棚下面安装水管或直接利用棚下面的土地作蓄热器。水管只需一次加满，无需补充水，蓄热器白天吸热，夜晚将所储存的热量释放出来，对棚内空气加热，使系统在夜间能够持续发电，减少了对天气的依赖性，且不需要化石燃料；三是与传统热力发电相比，不需要冷却水源，适宜于太阳能资源丰富而又缺水的国家和地区，如沙漠；四是设备简单，建材易得，建设成本低，所需建材主要为水泥及透明面盖材料，如玻璃，可就地取材，空气涡轮发电机为成熟商品，不存在因使用高新技术造成投资风险和成本过高等问题。在一些欠发达国家，仅依靠其已有的工业基础，在没有外国专家帮助下，就可构建、维护，保证电站正常运行；五是与其他太阳能热力发电相比，因未采用太阳能聚光器，太阳能至电能的转换效率低，需要更大面积的土地。发电效率除与当地太阳能辐射强度有关外，还随集热棚面积和烟囱高度的增加而提高。为获得较高的效率和经济性，须构建大规模的电站，如 200MW 电站；六是运行过程中，使用太阳辐射热能为动力源，空气为驱动载体，既没有 CO_2，也没有 NO_x 等有害气体排放及固体废弃物的排出，对当地生态环境不产生负面影响。我国具有居世界第二的丰富太阳能资源，年辐射量的平均值为 $59GJ/m^2$。其中，宁夏北部和南部、甘肃北部和中部、新疆南部和东南部、青海西部和东部、西藏西部和东南部、河北北部、山西北部、内蒙古年日照时数大于 3 000h，年辐射总量高于 $6GJ/m^2$，这些地区多在西部，人口稀少，荒漠面积大，适合于建造太阳能烟囱式热力发电站。

（2）太阳能的发展趋势。随着可持续发展战略在世界范围内的实施，太阳能的开发利用将被推到新的高度。到 21 世纪中叶，世界范围内的能源问题、环境问题的最终解决将依靠可再生清洁能源特别是太阳能的开发利用。随着越来越多的国家和有识之士的重视，太阳能的利用技术也有望在短期内获得较大进展。

① 提高太阳能热利用效率有望获得突破。目前，世界范围内许多国家都在进行新型高效集热器的研制，一些特殊材料也开始应用于太阳能的储热，利用相变材料储存热能就是其中之一。相变贮能就是利用太阳能或低峰谷电能加热相变物质，使其吸收能量发生相变，如从固态变为液态，把太阳能贮存起来。在没有太阳的时间里，又从液态回复到固态，并释放出热能，相变贮能是针对物质的潜热贮存提出来的，对于温度波动小的采暖循环过程，相变贮能非常高效。而开发更为高效的相变材料将会成为未来提高太阳能热利用效率研究的重要课题。

② 太阳能建筑将得到普及。太阳能建筑集成已成为国际新的技术领域，将有无限广阔的前景。太阳能建筑不仅要求有高性能的太阳能部件，同时要求高效的功能材料和专用部件。如隔热材料、透光材料、储能材料、智能窗（变色玻璃）、透明隔热材料等，这些都是未来技术开发的内容。

③ 新型太阳能电池开发技术可望获得重大突破。光伏技术的发展近期将以高效晶体硅电池为主，然后逐步过渡到薄膜太阳能电池和各种新型太阳能光电池。薄膜太阳能电池以及各种新硅太阳能电池具有生产材料廉价、生产成本低等特点，随着研发投入的加大，必将促使其中一、二种获得突破，正如专家预言，只要有一、二种新型电池取得突破，就会使光电池局面得到极大的改善。

④ 太阳能光电制氢产业将得到大力发展。随着光电化学及光伏技术和各种半导体电极试验的发展，太阳能制氢成为氢能产业的最佳选择。氢能具有重量轻、热值高、爆发力强、品质纯净、贮存便捷等许多优点。随着太阳能制氢技术的发展，用氢能取代碳氢化合物能源将是 21 世纪的一个重要发展趋势。

⑤ 空间太阳能电站显示出良好的发展前景。随着人类航天技术以及微波输电技术的进一步发展，空间太阳能电站的设想可望得到实现。由于空间太阳能电站不受天气、气候条件的制约，其发展显示出广阔的前景，是人类大规模利用太阳能的另一条有效途径。

3.2.3 生物质能利用技术

生物质能是可再生能源的重要组成部分，生物质能的利用对破解我国能源危机、环境污染等问题、改善农村能源结构，促进社会经济的可持续发展具有重要意义。本部分将重点介绍沼气能、燃料乙醇、生物质成型燃料、生物柴油等生物质能利用技术的发展现状、面临的问题及发展趋势等。

3.2.3.1 沼气能

沼气是生活、生产等产生的垃圾中的有机物质，在厌氧或缺氧条件下，通过菌群的生命活动生成的含有 CH_4、CO_2、少量水分和痕量硫化氢的可燃性气体。沼气中各组分的含量因发酵底物来源的不同而有所差异，通常甲烷和二氧化碳的含量分别为 50%~60% 和 30%~40%。一般地，厌氧发酵生产沼气的过程分为水解、产酸和产甲烷 3 个阶段。首先有机物在微生物的作用下生成小分子有机物，然后水解产物进一步分解成乙酸、丙酸、丁酸、醇、醛等物质，最后甲烷菌利用前面生成的乙酸或氢气生成甲烷、二氧化碳等物质。沼气的生产技术有利用农业废弃物产沼气、利用工业有机废水产沼气、利用城市生活垃圾生产沼气等。目前我国的沼气工程多采用湿法发酵工艺，进料的固含量小于 10%，一般在 6% 左右，多采用中温发酵，单位容积产气率一般小于 $1m^3/d$。随着设备水平和生产技术的提高，干发酵正成为国内较为前沿的沼气生产工艺，进料的固含量高于 20%，且发酵过程无污水产生，自身耗能低，产气效率高。但目前我国在该方面缺少原创性的成果。因此，干发酵工艺和设备是今后沼气生产技术的研究重点。

（1）发展现状。在我国，沼气能的利用方式可以分为沼气直燃、简单净化后利用、高度净化后作为生物天然气和化工原料 4 种方式。具体利用技术为沼气照明、炊事、利用沼气发电、沼气肥、天然气、工业原料。

① 户用沼气利用技术。我国是典型的农业大国，近 80% 的人口集中在农村，沼气利用技术可有效改善农村用能结构、治理农村环境污染、优化产业结构、促进农村生态循环农业的发展，因此，我国农村户用沼气池数量众多。截至 2014 年年底，我国户用沼气池数量达 4 183 万座，沼气总产量达 132.5 亿 m^3。一户一池是常见的形式，其产生的沼气主要解决农村居民的居家取暖、炊事和照明的用能问题。经过多年的发展和人们环保意识的提高，通过将种植业和畜牧业有机结合，形成比较典型的三位一体模式，如猪—沼—果（稻、菜）、牛—沼—草、猪—沼—鱼，四位一体模式，如猪圈—厕所—沼气池—温室蔬菜大棚，五位一体模式，即四位一体 + 水窖。这些生态模式充分发挥着生态环保作用。

② 沼气工程沼气利用技术。目前农村的生产和生活方式发生了明显的变化，农村的城镇化速度加快，种植和养殖趋于集中和规模化。一户一池的户用沼气已经满足不了生产和生活的需要。因此，在该类区域建设了大中型、特大型的沼气工程，与农村户用沼气池相比，大中型沼工程沼气产气量大，对沼气消纳利用要求更高。单纯的炊事、照明和取暖已经不能消耗该类沼气工程产生的沼气，因此沼气发电，提纯后作为生物天然气、车用燃料和工业原料的利用技术成为消纳和利用沼气较好的选择和途径。

一是沼气发电技术。该技术具有节能和环保的特点，是目前一种重要的沼气综合利用技术。该技术首先将沼气进行脱水、除硫等处理,使其达到沼气发电机组对沼气的质量要求,然后利用达标的沼气驱动沼气发电机组,产生电能,并通过回收烟气和发电机自身的余热,将综合热效率提高到80%。只有沼气发电站规模大于1000kW,发电并网后,平均每千瓦时高于0.4元时,才能获得比煤发电高的经济性。沼气发电技术余热回收利用分为4种情况:利用发电机自身的热量产生热水,作为供暖使用;通过吸收式制冷机组利用烟气携带的热量,作为制冷的冷源;利用烟气携带的热量生产蒸汽;利用发电机的预热通过螺杆膨胀动力机生产电能。沼气的热电利用技术在国外应用较为普遍,而我国在20世纪80年代初才开始进行研究,发展落后于国外发达国家。目前,在我国深圳、山东、南京、湖北、上海、北京等省市的沼气工程产生的沼气多采用此种利用技术。但是,利用沼气发电的沼气工程比例较低。经过多年发展,我国已经具有一批生产沼气发电设备的企业,设备的生产技术、性能和可靠性与国外同类产品和技术虽有差距,但是差距正日渐缩小。

二是沼气生产天然气。沼气经过净化提纯设备除去其中的二氧化碳、硫化氢、水分、氨等杂气,使其达到天然气的质量标准,然后通过天然气管网输配到用户,或作为车载燃料使用,或加压制成压缩天然气供没有天然气管网的比较偏远的农村居民用气。因为用途不同,对沼气的净化技术要求也有所差异。沼气的净化单元主要由除硫、去水和脱碳组成,脱硫除碳技术主要有吸附、吸收和膜分离等。利用已经存在的天然气输送网络和设备,可降低沼气长距离运输的成本。我国在车用沼气方面的研究处于刚刚起步状态,但由于我国汽车保有量迅速增加,国内国际燃油价格不断飙升,再加上我国能源短缺的现状,所以利用沼气生产车用燃料和天然气具有非常好的发展前景。

生物质天然气是我国沼气利用发展的主要方向之一,《可再生能源中长期发展规划》中提到,重点发展生物质发电和生物质燃气。到2020年底,在沼气发电、生物质燃气等方面,沼气综合利用将达到440亿m^3。为加快推进农村沼气转型升级,加强农村沼气项目建设管理,农业部和国家发展改革委制定了《2015年农村沼气工程转型升级工作方案》,推动农村沼气转型升级,支持日产沼气500m^3以上的规模化大型沼气工程,开展日产生物天然气1万m^3以上的工程试点。习近平总书记在中央财经领导小组第十四次会议上指出,以沼气和生物天然气为主要处理方向,以就地就近用于农村能源和农用有机肥为主要使用方向,力争在"十三五"时期,基本解决大规模畜禽养殖场粪污处理和资源化问题。《全国农村沼气发展"十三五"规划》提出,"发展生物天然气并入天然气管网、罐装和作为车用燃料,沼气发电并网或企业自用,稳步发展农村集中供气或分布式罐装供气工程,促进沼气和生物天然气更多用于农村清洁取暖,提高沼气利用效率"。

三是沼气液化技术。在同天然气管网和电网并网困难的地方，可利用液化技术将沼气液化、罐装后供应给城镇居民作为生活能源使用。该技术可实现沼气较远距离的输送。但粗沼气是很难压缩的，因此，在压缩液化之前，需要通过脱硫、除水和脱碳处理将沼气中甲烷的含量提高到80%左右。

四是沼气作为燃料电池。燃料电池技术可不通过热机过程，不受卡诺循环的限制，直接将化学能转化为电能。同沼气发电相比，不仅出电效率和能量利用率高，而且振动和噪声小，排出的氮氧化物和硫化物浓度低。广州市番禺水门种猪场与日本政府日本通产省新能源产业技术综合开发机构合作建设200kW的沼气燃料电池装置项目，为世界首例以养猪场粪尿产生的沼气作原料的燃料电池发电项目。燃料电池供电将是21世纪最有竞争力的高效清洁供电方式，有着广泛的应用前景和巨大的潜在市场。将沼气用于燃料电池发电，是有效利用沼气资源的一条重要途径，这对我国沼气利用技术的发展具有重大意义。

沼气用于发电时，发电效率较低，通常只有30%；受厌氧发酵过程特点限制，沼气产生量不稳定，发电机组难以连续稳定运行；再者，沼气发电存在电量不稳定、并网困难等特点。与热电联产相比，沼气精制天然气产物附加值高，盈利空间大，能量丧失最小，获得的可输送能量多，但运输困难。液化天然气（LNG）运输灵活、储存效率高，用作城市输配气系统扩容、调峰等方面，与地下储气库、储气柜等其他方式相比更具优势，并且具有建设投资小、建设周期短、见效快、受外部影响因素小等优点。作为优质的车用燃料，与汽车燃油相比，LNG具有辛烷值高、抗爆性好、燃烧完全、排气污染少、发动机寿命长、运行成本低等优点；与压缩天然气（CNG）相比，LNG则具有储存效率高、续驶里程长、储瓶压力低、重量轻、数量小、建站不受供气管网限制等优点。

（2）面临的问题和挑战。总体来说，我国的大中型沼气工程的建设和沼气生产技术和工艺日渐成熟，已经根据发酵物料的性质形成一整套的预处理、沼气生产、沼气储配及"三沼"后处理并达到国际水平的工艺，研制出沼气发电机、沼气净化设备、生产自动控制系统、固液分离系统、厌氧反应器等系列化的成熟产品，但是仍然存在许多问题和挑战。

① 沼气的发展方式亟待转型升级。近年来，随着种植养殖业的规模化发展，城镇化步伐的加快，农村生活用能日益多元化和便捷化，农民对生态环保的要求更加迫切，沼气建设与发展的外部环境发生了很大变化。农村户用沼气使用率普遍下降，农民需求意愿越来越小，废弃现象日益突出；中小型沼气工程整体运行不佳，多数亏损，长期可持续运营能力较低，存在许多闲置现象，一些地方只有40%~50%的沼气工程能够正常运行，沼气工程建设和运行脱节。此外，现有的沼气工程还面临着原料保障难和储运成本高、大量沼液难以消纳、工程科技

含量不高、沼气工程终端产品商品化开发不足等瓶颈,一些工程甚至存在沼气排空和沼液二次污染等严重问题。沼气服务体系处于瘫痪半瘫痪状态,举步维艰。因此,农村沼气亟待向规模化发展、综合利用、效益拉动、科技支撑的方向转型升级。

② 沼气发展的扶持政策亟待完善。沼气承担着农村废弃物的处理、农村清洁能源供应、农村生态环境保护等多重社会公益职能,国家应不断健全沼气政策支持体系,加大支持力度。长期以来,国家支持主要体现在前端的投资补助,方式单一,且存在较大的资金缺口,政府和社会资本合作机制尚未有效建立,社会资金投入沼气工程建设运营不足,政府投资放大效应发挥不够。农村沼气持续发展的支持政策还不够系统,农业废弃物处理收费、终端产品补贴、沼气产品保障收购以及流通等环节的政策还有所缺失。沼气转型升级发展以来,大型沼气工程和生物天然气工程建设对用地、用电、信贷等方面的政策需求也迅速增加。此外,沼气标准体系建设还不够完善,沼气项目建设手续不够清晰,各地执行标准不同,给项目建设、施工、运营和监管带来困难。

③ 农村沼气的体制性和制度性障碍亟需破除。沼气可通过开展高值高效利用实现商品化、产业化开发,但在沼气发电上网和生物天然气并入城镇天然气管网等方面还存在许多歧视和障碍。目前全国地级以上城市和绝大部分县城的燃气特许经营权已经授出,存在生物天然气无法在当地销售或被取得特许经营权的企业对生物天然气压制价格现象。国家出台的《中华人民共和国可再生能源法》《畜禽规模养殖污染防治条例》等法律法规及《关于完善农林生物质发电价格政策的通知》《可再生能源电价附加收入调配暂行办法》等相关政策在沼气领域难以落地,有的电网公司以各种理由阻碍沼气发电上网,沼气发电上网后也无法享受农林生物质电价。这些问题造成了沼气和生物天然气的市场竞争能力不强,制约了农村沼气的发展。

④ 沼气的科技支撑和监管能力亟需强化。长期以来,中央和地方对沼气技术、适用产品和装备设备的研发投入有限,科研单位和企业缺乏技术创新的动力与积极性,尚未形成与产业紧密结合的产学研推用技术支撑体系。与沼气技术先进的国家相比,我国规模化沼气工程池容产气率和自动化水平有待提高,新技术、新材料的标准和规范亟需建立。农村沼气管理体系仍存在注重项目投资建设、忽视行业监管的问题,一些地方在政府与市场之间、政府部门之间还存在边界不清、职能交叉、缺乏统筹等问题。沼气服务体系尽管已基本实现了全覆盖,但服务对象主要是户用沼气和中小型沼气工程,也未建立有效的服务机制和运营模式,服务人员不稳定、服务范围小、服务内容单一、技术水平偏低等问题,致使现有沼气服务体系难以维系。我国的沼气工程仍存在管理不善、生产效率低下、产气率

低、工程受季节的影响运行不稳定、沼气生产企业经济效益差、关键技术装备有待突破等问题。

（3）创新及发展趋势。农村沼气历史性的解决2亿多人口炊事用能质量提升问题，促进了农村家庭用能清洁化、便捷化。规模化沼气工程在为周边农户供气的同时，也满足了养殖场内部的用气、用热、用电等清洁用能需求。规模化大型沼气工程尤其是生物天然气工程所产沼气用于发电上网或提纯后并入天然气管网、车用燃气、工商企业用气，实现高值高效利用。到2015年，全国沼气年生产能力达到158亿 m^3，约为全国天然气消费量的5%，每年可替代化石能源约1100万 t 标准煤，对优化国家能源结构、增强国家能源安全保障能力发挥积极作用。

2015年农村沼气转型升级以来，中央重点支持建设日产1万 m^3 以上的规模化生物天然气工程试点项目与厌氧消化装置总体容积500m^3 以上的规模化大型沼气工程项目，着重在创新建设组织方式、发挥规模效益、利用先进技术、建立有效运转模式等方面进行试点工作，实现四个转变，由主要发展户用沼气向规模化沼气转变，由功能单一向功能多元化转变，由单个环节项目建设向全产业链一体化统筹推进转变，由政府出资为主向政府与社会资本合作为主转变。一批规模化沼气工程和生物天然气工程，正积极开拓沼气在供气、发电、车用等领域的应用，在集中供气、发电上网以及城镇燃气供应等方面取得积极成效，同时突出农村沼气供肥功能，将农作物种植与畜牧养殖有机联结起来，推广"'三园'+沼气工程+畜禽养殖"循环模式，推进种养循环发展，正在不断探索有价值、可复制、可推广的实践经验。

3.2.3.2 燃料乙醇

（1）发展现状。燃料乙醇的生产主要通过生物质发酵或利用石油裂化水解得到的乙烯水合得到的。其中乙烯水合法对设备材质要求高，不适合大规模生产乙醇，所以目前大部分燃料乙醇是通过发酵法生产的，即利用微生物的发酵作用将糖分或淀粉转化为乙醇和 CO_2，也可将纤维素类水解生成单糖后再发酵产生乙醇。用发酵法制取燃料乙醇的原料，按成分主要分为3种：淀粉质、糖质和纤维素质。淀粉质原料有木薯、甘薯、玉米、马铃薯、小麦、大米、高粱等；糖质原料主要有甘蔗、糖蜜、甜菜、甜高粱秸秆等；而纤维素原料来源比较广泛，主要有农作物秸秆、森林采伐和木材加工剩余木、柴草、造纸厂和造糖厂等高纤维素含量的下脚料以及部分生活垃圾等。

因为所用原料成分的不同，所以应用的发酵工艺也有所差异。糖质原料需经过物理方法预处理后，采用发酵蒸馏的方法生产燃料乙醇；淀粉质原料需经过粉碎、蒸煮和糖化后，形成可发酵性糖，再进行发酵处理，得到燃料乙醇。以玉米为例,玉米经预处理(粉碎)、脱胚制浆、液化、糖化、发酵、蒸馏、脱水和变性,工艺流程如图 3-18 所示。玉米先用水或酒糟离心清液在一定温度下进行浸泡,浸泡后的玉米经破碎,分离出胚芽,并将纤维及淀粉颗粒破碎到一定的粒度,脱胚后的玉米淀粉浆(含有淀粉、蛋白质和纤维等物质)送入液化工段。淀粉在高温下糊化,同时在 α-淀粉酶的作用下降解,物料的黏度降低,这一过程称为液化,液化后的醪液称为液化醪。液化前需加入氢氧化钠和氨水来调节物料的 pH 值和补充部分氮源,同时加入氯化钙用于保持 α-淀粉酶的稳定性。液化醪经稀硫酸调节 pH 值后加入糖化酶进行糖化,糖化的目的是将液化醪中的淀粉及糊精水解成酵母能发酵的糖类(主要是单糖及部分二糖及三糖,如葡萄糖、麦芽糖、蔗糖等),糖化后的醪液称为糖化醪,通过酵母对糖化醪进行连续发酵。在发酵过程中,酵母将糖转化成乙醇和 CO_2,同时释放出热量,所产生的二氧化碳用水洗以回收随之带出的乙醇。随后,含有乙醇的发酵成熟醪通过蒸馏装置进行蒸馏提纯得到燃料乙醇。

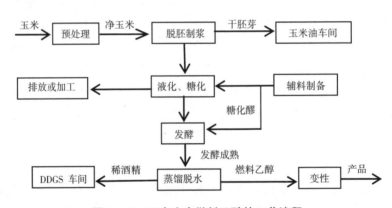

图 3-18　玉米生产燃料乙醇的工艺流程

　　纤维素原料需先经过物理或化学方法预处理,利用酸水解或酶水解的方法将秸秆中的纤维素和半纤维素降解为单糖,然后,再经过发酵和蒸馏生产燃料乙醇。对于纤维素质原料,预处理是非常重要的,常见的预处理方法有机械粉碎、蒸汽爆碎、微波辐射等物理方法,或酸、碱、臭氧等化学药剂等化学方法。以纤维素类物质生产燃料乙醇的工艺有很多,在此以纤维素为例。首先将纤维素进行酸解和碱解或酶解预处理,释放出的葡萄糖便可进入乙醇发酵途径,其具体工艺路线如图 3-19 所示。

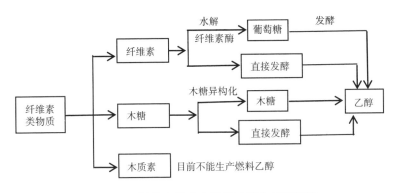

图 3-19 纤维素类生产燃料乙醇的工艺流程

通常以制取燃料乙醇的原材料将燃料乙醇的生产技术划分为 4 类：一是第 1 代燃料乙醇生产技术是利用粮食或饲料中的淀粉制取的燃料乙醇，其生产工艺比较传统和成熟，市场占有率较广，粮食乙醇的生产效率也较高，淀粉的转化率可高达 90%~95%。在美国，2012 年有 35% 的玉米被用来生产燃料乙醇。二是第 1.5 代燃料乙醇生产技术是利用甜高粱茎秆、木薯等非粮作物中的糖类物质来生产燃料乙醇。三是第 2 代燃料乙醇生产技术是利用以秸秆、纤维素和农业废弃物为原料生产燃料乙醇。四是第 3 代燃料乙醇技术是利用如小球藻、衣藻、栅藻、螺旋藻等微藻生产燃料乙醇。

因为从蒸馏工序出来的是乙醇和水的共沸物，乙醇的含量仅为 95%，达不到燃料乙醇的标准，因此需要进行脱水处理。脱水方法通常采用化学反应脱水法、恒沸精馏、萃取精馏、吸附、膜分离、真空蒸馏法、离子交换树脂法等。各类燃料乙醇的生产工艺特点及生产原料成本见表 3-5 和表 3-6。

表 3-5　各类燃料乙醇生产工艺

发酵原料类别	淀粉质	糖质	纤维素质
原料	玉米、小麦、木薯、甘薯	甘蔗、甜高粱秸秆	纤维素、农作物秸秆、林业废弃物
预处理	粉碎、蒸煮、糊化	压榨	粉碎、物理或化学处理
水解	易水解、产物单一、无发酵抑制物	无水解过程、无发酵抑制物	酸、碱或纤维素酶，水解较难，产物复杂，有发酵抑制物
发酵	产淀粉酵母发酵六碳糖	耐乙醇酵母发酵六碳糖	专用酵母或细菌酶发酵六碳糖或五碳糖
蒸馏和无水乙醇的制备	蒸馏、精馏、无水乙醇的制备	蒸馏、精馏、无水乙醇的制备	蒸馏、精馏、无水乙醇的制备
副产品	饲料、沼气	饲料、沼气、造纸纤维	木质素、沼气
能耗	0.6~1.2	0.5~0.9	0.8~1.4

表 3-6　各种燃料乙醇生产原料成本比较

原料	市场售价 （元/t）	发酵成分	原材料消耗量 （t/t 燃料乙醇）	原材料成本 （元/t 燃料乙醇）
甘蔗	200~300	蔗糖	12	2 996
木薯	500~600	淀粉	8.0~8.33	4 000
甜高粱	200~300	蔗糖	12	4 151
玉米	1 400~1 600	淀粉	3.33	4 950
小麦	1 600~1 800	淀粉	3	5 610

① 乙醇汽油。研究表明，汽油的燃烧性能随着其中烯烃含量的增加而变差，而尾气中排放的 NOx、CO、碳氢化合物、颗粒等污染物质有所增加。为了提高汽油的燃烧性能，需要控制油品中烯烃的含量。但是汽油的抗爆性会随着烯烃含量的下降而下降。辛烷值是表示油品抗爆性能的常用指标。辛烷值越高则油品的抗爆性能就越好。目前，燃料乙醇同甲基叔丁基醚、乙基叔丁基醚一样，是美国法定的汽车汽油品质改良剂，用以提高汽油的辛烷值，改善汽油的燃烧性能（表 3-7 和表 3-8）。

表 3-7　乙醇、甲基叔丁基醚、汽油的性质

项目	乙醇	甲基叔丁基醚	汽油
英文名称	Ethanol、Alcohol	Methyl-tert-butyl ether	Gasoline
化学分子式	C_2H_5OH	$CH_3OC(CH_3)_3$	$C_5\sim C_{12}$
分子量	46.07	88.15	70~170
密度（20℃/kg·cm⁻¹）	0.789	0.741	0.70~0.78
沸点（℃）	78.5	55	30~205
研究法辛烷值	108	117	120
氧质量分数（%）	34.8	18.2	0
理论空燃比	9.0	11.7	14.2~15.1
雷德蒸汽压（kPa）	18	56	50~70
闪点（℃）	13	-28	-40
自燃点（℃）	420	460	220~260
汽化潜热（J/g）	904	339	310
低热值（kJ/g）	26.77	35.11	43.50
辛烷值（RON）	111	118	88~86
辛烷值（MON）	91	101	80~86

还有研究表明，当汽油中乙醇的添加量不超过 15% 时，对车辆的行驶性能影响不明显，但尾气中的污染物质如碳氢化合物、NO_x 和 CO 的含量降低明

显。美国汽车／油料（AQIRP）的研究报告表明，使用含 6% 乙醇的加州新配方汽油，碳氢化合物、CO、NO$_x$ 和有毒气体的排放量比常规汽油的排放量分别降低 5%、21%~28%、7%~16% 和 9%~32%。第五届全美乙醇年会发布的《乙醇汽油对空气质量影响》研究报告显示，乙醇可减少汽车尾气中初级 PM2.5，在一般汽车普通汽油中加入 10% 燃料乙醇，可减少颗粒物排放 36%，而对高排放汽车可减少 64.6%。此外，乙醇汽油还可以减少次级 PM2.5、CO、汽车发动机燃烧室沉积物、苯等有毒污染排放，并提高汽车尾气催化转化器的效率。国内研究表明，E15 乙醇汽油（汽油中乙醇含量为 15%）比纯车用无铅汽油碳氢化合物排量下降 16.2%，CO 排量下降 30%。

表 3-8　甲基叔丁基醚与汽油的调和效应

汽油组分	辛烷值	甲基叔丁基醚含量, %（V）			
		0	10	15	20
直馏汽油	RON/MON	56.6/57.6	126.5/112.9	124.8/119.2	121.0/126.9
FCC 汽油	RON/MON	78/-	91.1/120.1	94.8/119.1	98.1/119.1
轻 FCC 汽油	RON/MON	38.8/72.2	82.9/110.6	86.6/110.3	89.4/110.1
烷基化汽油	RON/MON	91.7/94.0	106.3/124.6	104.6/122.3	103.8/121.6
宽馏分催化重整汽油	RON/MON	86.4/98.1	101.0/127.0	102.0/123.0	102.0/123.0

表 3-7 中可知，乙醇的氧含量远远大于甲基叔丁基醚（MTBE）的，因此少量的乙醇就可以显著提高汽油的含氧量。如添加 7.7% 和 10% 乙醇，汽油的氧含量就可分别达到 2.7% 和 3.5%；从而促进汽油燃烧，减少污染物对环境的排放。同时，燃料乙醇的辛烷值较高，通常车用汽油的辛烷值一般要求为 90 或 93，乙醇的辛烷值可达到 108，可以向汽油中加入燃料乙醇来提高汽油的辛烷值，有效地提高汽油的抗爆性。并且乙醇对烷烃类汽油组分（烷基化油、轻石脑油）辛烷值调合效应好于烯烃类汽油组分（催化裂化汽油）和芳烃类汽油组分（催化重整汽油）。

将燃料乙醇与变性剂按照 100∶1~100∶5 的体积比混合变性，生成变性燃料乙醇，然后由车用乙醇汽油定点调配中心按照国标 GB18351—2015 的要求，通过特定工艺将不含氧化物的汽油和变性燃料乙醇混配而成，用作车用式点燃发动机的燃料。世界上使用乙醇最多的是 E22 乙醇汽油。在巴西，全国都使用乙醇汽油，普遍使用的是 E22 乙醇汽油。在我国大部分地区使用的乙醇汽油中的燃料乙醇和汽油的体积分数为 10∶90，称为 E10。E10 中燃料乙醇少，普通汽油汽车不需要做任何改动变性。自 2017 年 1 月 1 日起，车用乙醇汽油的牌号按照辛烷值可以分为 89、92、95 和 98 四个牌号，其部分质量指标见表 3-9。

表 3-9　车用乙醇汽油的部分质量指标

车用乙醇汽油型号		89	92	95	98
抗爆性	研究法辛烷值（RON）≥	89	92	95	98
	抗爆指数（RON+MON）/2 ≥	84	87	90	93
	铅含量（质量分数）（%）≤	0.005			
蒸汽压	11月1日至4月30日	45~85			
	5月1日至10月31日	40~65			
	水分≤	0.20			
	乙醇含量（质量分数）（%）	10±2.0			
	芳烃含量（质量分数）（%）≤	40			
	烯烃含量（质量分数）（%）≤	24			
	苯含量（质量分数）（%）≤	1.0			
其他有机含氧化合物（质量分数）（%）≤		0.5			

2010 年国家发展与改革委员会上呈全国两会的报告统计表明，全国已有每年混配 1 000 万 t 乙醇汽油的能力，乙醇汽油的消费量已占全国汽油消费量的 20%，成为继巴西、美国之后生产乙醇汽油的第三大国。我国汽车保有量达到 1.94 亿，居世界第一，如全国都使用含 10% 的乙醇汽油，则每年可节省 450 万 t 汽油。因此，从 2003 年起，黑龙江、吉林、辽宁、河南、安徽等省及河北、山东、江苏、湖北等 27 个省份陆续全面停用普通无铅汽油，改用添加 10% 酒精的乙醇汽油。2015 年，我国乙醇汽油消费量约 1 020 万 t，每年增速达 13%，特别是随着乙醇汽油国五标准的推出，乙醇汽油的推广速度也将进一步加快。

车用乙醇汽油的推广既需要行政法规的保障，还要有税收优惠、财政补贴等经济政策的支持，并且根据本区域产业链和产业结构，进行科学规划，合理布局，避免重复建设，因地制宜地选择乙醇的生产原料和生产工艺。还应注重利用高产能作物，或改良作物品种，提高乙醇产出比；改进乙醇生产工艺，提高能源利用率，降低生产过程排放污染；加强综合利用，采取联合生产，充分利用乙醇生产过程的废弃物，形成循环利用可持续发展的绿色能源经济。

②乙醇柴油。乙醇柴油是由普通柴油、乙醇和添加剂通过一定的调合手段混合而成的一种压燃式发动机的替代燃料。在压燃式发动机中使用乙醇柴油燃料最早可以追溯到 20 世纪 50 年代，当时印度科学院 H.A.Havemann 教授及其同事就对乙醇在柴油机中的燃烧性能进行了研究，并在此基础上开发了乙醇和柴油独立供给发动机的"双燃料系统"。20 世纪 70 年代初全球石油危机爆发，人们开始关注替代能源（尤其是醇类燃料）的开发。虽然乙醇汽、柴油调合物已证明其在技术上是可行的，但是过高的乙醇生产成本限制了其市场化。随着乙醇生产技术的进步，新型发动机的开发以及政府强有力的激励政策，乙醇汽油先后在巴西、美

国等国家得到成功应用。

我国是一个柴油消费大国,虽然目前市场消费的柴汽比在 2.0 以上,但仍然无法满足市场需求。随着西部大开发进程的加快,国民经济重大基础项目的相继启动,以及柴油轿车的推出,柴汽比的矛盾比以往更为突出。开发乙醇柴油对有效地缓解我国柴油供需矛盾,促进农业和以粮食为原料的酒精行业持续发展,减少大气污染等方面具有非常重大的意义。乙醇与柴油的性质见表 3-10。

表 3-10 燃料乙醇与柴油的部分理化性质

项目	乙醇	柴油
英文名称	Ethanol、Alcohol	Diesel Oil
化学分子式	C_2H_5OH	$C_{10}\sim C_{22}$
十六烷值	8	40~55
自燃点(℃)	793	350~380
闪点(闭)(℃)	14	>55
沸点(沸程)(℃)	78	180~365
凝点(℃)	-98	0~55
运动粘度(20℃)(mm^2/s)	1.48	3.0~8.0
蒸发潜热(MJ/kg)	0.93	0.27
净热值	29.70	42.96~43.00

在柴油中添加乙醇可对柴油的以下指标产生影响。

十六烷值。柴油发动机燃料的十六烷值一般应在 40 以上。乙醇的十六烷值较低,加入后可降低柴油的十六烷值,但是因为我国柴油的十六烷值普遍较高,因此在柴油中加入部分乙醇并未明显影响乙醇柴油的十六烷值。

互溶性、理化性能和发动机性能。刘晓等人(2010)以常二柴油、常三柴油、催化裂化柴油、催化加氢柴油和 0 号轻柴油为基础油,分别配制了不同体积分数的乙醇柴油,对乙醇柴油的互溶性、理化性能和发动机性能进行了研究。结果表明,商品柴油与乙醇的互溶性能及稳定性能良好;水分会严重影响乙醇柴油的稳定性;助溶剂可以适当改善乙醇柴油的容水性;加入乙醇后,能不同程度地降低乙醇柴油的凝点和冷滤点;乙醇柴油的腐蚀试验结果能够达到国家燃油标准;乙醇的加入使柴油的密封性能变差,闪点降低,从而增加了柴油的着火危险性;乙醇柴油的燃料消耗率和排气烟度与商品柴油相当,但 NO_x 排放降低。

闪点。闪点是关系到柴油储存、运输及使用的重要的安全性指标。由于乙醇分子间的氢键被柴油削弱,使乙醇柴油的闪点低于燃料乙醇。试验证明,在柴油中加入 15% 体积的乙醇后,其闪点由 75℃降到 12℃。

储存的稳定性。与乙醇汽油类似,少量的水分会降低乙醇—柴油体系的临界互溶温度,造成体系分层。但是乙醇柴油对水的承受能力小于乙醇汽油,E20 汽油的含水率达到 1% 时，在常温下是可以不分层，但是 30v% 乙醇 +70v% 柴油的含水量为 0.25% 时就引起乙醇柴油的分层现象。

运动粘度。当柴油中的燃料乙醇体积分数 >10% 时，体系的粘度先升高，然后降低，最终粘度小于基础柴油的粘度。

乙醇的净热值约为柴油的 70%，燃烧产生的 CO、NO_x 和颗粒物（PM）远低于普通柴油。美国 ADM 公司已进行的乙醇柴油（15% 乙醇 +5% 添加剂 +80% 柴油）应用试验表明，使用乙醇柴油使柴油车的 PM 减少了 20%~30%，但其燃料经济性比普通柴油低 5%。孙智勇（2017）的试验表明，随着混合燃料中乙醇含量的增加，滞燃期增长，燃烧持续期缩短，发动机的等效燃油消耗率降低，热效率略有增加。乙醇的添加减少了聚集态颗粒物的数量，核态颗粒数量明显增加，颗粒尺寸变小，颗粒的总数量增加，但是总质量减少，而 NO_x 的排放增加如图 3-20、图 3-21 所示。但是，刘晓的研究却表明，乙醇柴油的 NO_x 排放低于基础柴油，与基础柴油相比，E2 乙醇柴油的 NO_x 排放平均下降了 6.2%，E4 乙醇柴油的 NO_x 排放平均下降了 4.1%，如图 3-22 所示。使用乙醇柴油后，在保证发动机的燃料消耗率不变的前提下，发动机的 NO_x 排放降低。

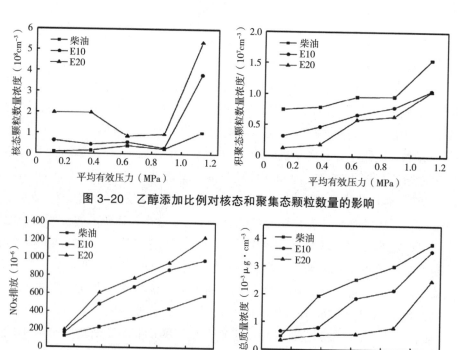

图 3-20　乙醇添加比例对核态和聚集态颗粒数量的影响

图 3-21　乙醇添加比例对 NO_x 和总质量浓度的影响

注：E10 和 E20 是指添加燃料乙醇的体积分数分别为 10% 和 20%

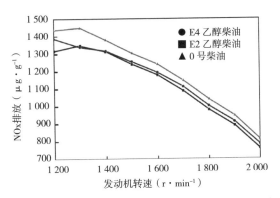

图 3-22 乙醇添加比例对NO$_x$和总质量浓度的影响

乙醇柴油目前在我国仍处于研究试验阶段。但是作为一种具有潜在优势的新型压燃式发动机替代燃料，对降低环境污染，满足未来交通运输业对柴油燃料的巨大需求，改善能源结构以及促进农业和相关行业良性发展具有深远的意义。同时，研发乙醇柴油也与我国石化行业调整油品结构，不断提高柴汽比的现状相契合。

③ 乙醇燃料电池。乙醇现已被确定为安全、方便、较为实用理想的燃料电池燃料。乙醇在阳极通过电催化化学反应生成 H$_2$O 和 CO$_2$，并产生 12 个电子和 12 个质子，质子透过交换膜进入到阴极表面和氧气反应生成水，电子通过外电路到达阴极并转换为电能，直接乙醇燃料电池（DEFC）的电极反应如下。

阳极反应式

$$CH_3CH_2OH + 3H_2O \rightarrow 2CO_2 + 12H^+ + 12e^-$$

阴极反应式

$$3O_2 + 12H^+ + 12e^- \rightarrow 6H_2O$$

总反应式：

$$CH_3CH_2OH + 3O_2 \rightarrow 2CO_2 + 3H_2O$$

王莉莉等（2004）研究发现，使用聚苯并咪唑膜（PBI）作为电解质膜，工作温度为 170℃，当电流密度为 250mA/cm^2 时，甲醇、乙醇燃料电池输出电压分别为 0.35V 和 0.30V，由此可以看出，作为燃料的乙醇工作性能已经接近甲醇。

直接乙醇燃料电池具有能量密度大、成本低、燃料来源广泛、易储存等优点。在低温燃料电池诸如手机、笔记本电脑以及新一代燃料电池汽车等可移动电源领域具有非常广阔的应用前景。

④ 作为化工原料使用。我国乙醇生产乙烯的技术已经成熟，乙醇已经进入化石基础原料领域。乙烯常被用来合成纤维、橡胶、塑料（聚乙烯及聚氯乙烯）、乙醇（酒精）的基本化工原料，也用于制造氯乙烯、苯乙烯、环氧乙烷、醋酸、

乙醛、炸药等，是世界上产量最大的化学产品之一。世界上已将乙烯产量作为衡量一个国家石油化工发展水平的重要标志之一。2014 年，我国乙烯当量消费量达 3 560 万 t，表观消费量 1 853 万 t，自给率 91.9%，较 21 世纪初有所下降。因此，随着化石能源日渐枯竭，石油资源日渐紧张和燃料乙醇的大规模生产，乙醇或将最终取代乙烯作为工业化生产材料。

（2）面临的问题和挑战。近几年，燃料乙醇在全国部分省市进行推广，都取得了很好的成效。2005 年 2 月我国颁布了《可再生能源法》，国家以立法的形式鼓励生物质液体燃料的发展。推广使用车用乙醇汽油已逐渐成为我国的一项重要战略目标。到 2014 年，我国燃料乙醇年产量仅为 227 万 t，调合汽油 2 270 万 t，但仅占当年全国汽油总消费量的 23%。随着车用乙醇汽油在全国范围的使用，为燃料乙醇更好地替代化石能源提供保证，但是仍然存在以下问题需要解决。

① 生产成本过高制约燃料乙醇的使用。国内外使用糖质原料和淀粉质原料生产燃料乙醇的工艺中，原料成本占生产成本的比例高达 50% 以上。例如，吉林燃料乙醇厂是目前国内以玉米为原料制备乙醇水平较高的生产企业，采用的全部是国外的先进技术设备，就是这样的一家企业，生产 1t 生物燃料乙醇要消耗的玉米量为 3.1t，要消耗的标准煤为 0.5~0.6t，要消耗水 8t 左右，这个耗能远远高于美国，美国生产 1t 生物燃料乙醇只消耗标准煤 0.4t。对于我国四个生产燃料乙醇的基地，生产 1t 燃料乙醇的综合成本在 7 000 元以上，这要比美国高出 17%。随着煤、电及原料价格的上涨，燃料乙醇的成本还会上升。因此，要加快燃料乙醇产业的发展，必须发展其生产工艺，降低生产成本。另外，国家可以通过加强在各个环节的补贴，来解决燃料乙醇在推广初期生产成本高、企业营运艰难的问题。

② 生产技术尚需提高。就我国生产技术水平而言，大型燃料乙醇装置和生产技术特点与美国燃料乙醇装置和生产技术特点还存在较大差距，例如，美国大部分企业取消糖化工序，其益处是工艺简捷，操作简便。同时也避免 60℃ 糖化罐中储耐高温产杂菌的积存与危害，对工艺设备的安全性提升很多，同步糖化发酵工艺不仅能够影响酵母菌代谢的反馈抑制问题，而且能够有效地解决营养过度造成的酵母菌过快生长的负面影响，同时大量消耗糖分产生的乙醇，从而实现发酵过程的高酒分。而国内装置目前还未进一步改进，虽然研发应用国外相应的生产工序，但技术水平存在较大差距，造成一系列诸如能耗高、成本高等问题，因此燃料乙醇相关技术还有待提高。

③ 乙醇汽油应用仍有问题需要解决。乙醇的亲水性大于亲油性，容易因吸水而造成分层现象，因此，要严格控制乙醇汽油使用的各个环节中的游离水，以保证乙醇汽油的正常使用；乙醇的汽化潜热大，会影响掺醇燃料的蒸发，不利于汽车加速，且低温条件下会使发动机启动性能变差；乙醇汽油的稳定性差，因此必

须对乙醇汽油的储运等相关设施进行建设、改造；燃料乙醇的生产技术还比较落后，无论是生产工艺、环境保护，还是能源消耗、原材料转化效率等都落后于美国和巴西。

④ 政府扶持力度减小。欧美等发达国家的生物能源产业发展较快，其成功经验表明，发展生物能源产业离不开政府的支持。而在我国燃料乙醇产业发展的初期，国家通过财政补贴等优惠政策促进其发展，但是到 2007 年，燃料乙醇项目审批权被收回，以玉米为原料的项目被正式叫停，燃料乙醇生产企业所得到的财政补贴逐渐"缩水"。燃料乙醇生产企业在 2012 年得到的财政补贴比 2010 年减少了一半。2013—2015 年，以粮食为原料的生物燃料乙醇财政补贴标准分别为 2013 年 300 元/t、2014 年 200 元/t、2015 年 100 元/t，2016 年以后不再补贴。另外，2011 年对特定生产变性燃料乙醇的企业免除消费税的政策被取消，逐年恢复其征收比例，2015 年恢复征收其 5% 的消费税。与此同时，变性燃料乙醇定点生产企业增值税先征后退的政策被取消。这些优惠政策取消以后，无疑加大了生产企业的成本压力。

（3）创新及发展趋势。

① 粮食乙醇仍是生物乙醇发展的重点。目前工业化生产的燃料乙醇绝大多数是以粮食作物为原料的，虽然生物乙醇的原料已经由粮食慢慢转移到纤维素上，但目前世界上还没有一家工业规模利用纤维素原料生产燃料乙醇的企业。世界各国生物汽油的使用仍在增加。2007 年 3 月，欧盟 27 国出台新的共同能源政策，计划到 2020 年实现生物燃料乙醇使用量占车用燃料的 10%。因此，粮食乙醇仍然占据燃料乙醇的市场的主要份额。

② 需加强非粮纤维素乙醇的研究。近年来利用非粮原料发酵生产燃料乙醇的研究很多，对其原料处理、发酵工艺、发酵菌种和产物提取等方面都进行深入的研究，各种示范工程也为万吨级非粮乙醇生产提供工业规模放大参数，为非粮燃料乙醇奠定一定的基础。但是由于其生产工艺不完备，无法形成与粮食乙醇等同的规模，因此还需要加强对以下方面的研究：一是完善整体工艺，改进发酵工艺，简化工艺流程，提高设备利用率，开发建立低能耗、低水耗、环保的生产工艺。二是针对各种非粮原料生产乙醇的瓶颈性技术难题，各产、学、研单位通力协作，形成合力，联合攻关。三是在完善万吨级非粮乙醇示范工厂的基础上，各地利用自身资源优势，开发乙醇、木糖醇联产、乙醇—糠醛联产及其他产品（如乙烯、纸浆、饲料、沼气、二氧化碳等）联产工艺，延伸非粮乙醇工业产业链。四是充分利用发酵固体残渣，培养食用菌、单细胞蛋白或制成有机肥等，增加副产品收益；开发低聚木糖、木质素等高附加值产品。五是采用基因工程技术和遗

传育种技术对能源作物进行改造，培育木质素含量低、纤维素含量高的能源作物品种；开发高效、环保的预处理技术；采用分子生物学技术手段培育产纤维素酶活力高的菌株；采用分子生物学技术手段培育耐高温或产纤维素酶的发酵菌株，提高同步糖化发酵效率；采用分子生物学技术手段培育戊糖、己糖共发酵菌株，提高纤维素转化效率。

③ 燃料乙醇的生产要兼顾环境。生物乙醇的原料发展离不开农作物，农作物的生长离不开水资源和化肥，生物燃料的需求逐年递增，将会加大农作物的产量和种植面积，水和化肥的用量随之上升，化肥的过量使用，将会导致水资源的间接污染，而种植面积的不断增大，会缩减森林绿地面积，空气中的二氧化碳含量剧增。如果任其发展，环境污染不可避免。据统计，每年25%~30%的温室气体是由森林面积减少而引起的，因此生物乙醇的发展，在农作物和纤维素为原料的基础上，应开发新型技术和能源。以藻类为原料的生物燃料正在兴起，其中海带提取生物乙醇正在研究中。藻类生物燃料最大的特点是节约耕地、高效利用CO_2，油脂含量高，是改善环境、缓解温室效应的又一选择。

④ 进口乙醇或是未来发展方向。与我国燃料乙醇产业起步较晚、技术落后、成本较高的现状相比，巴西、美国的燃料乙醇产业起步较早，技术成熟，具有年产量超过1 000万t的生产能力，并且对中国进口其生产的燃料乙醇持欢迎的态度。自2010年1月1日起，我国将乙醇进口关税降至5%，而原本是30%。2012年3月，中国石化开始寻求与国际燃料乙醇企业合作，并将推广生物燃料乙醇作为绿色低碳战略的重要组成部分。2013年年末，1.05万t燃料乙醇的装卸工作在中国江苏镇江码头顺利完成接卸工作，这是中国首船进口燃料乙醇，标志着燃料乙醇上游资源国际贸易环节彻底被中国石化打通，为中国后续进口燃料乙醇奠定了基础。在非粮乙醇生产技术瓶颈与成本问题解决之前，进口乙醇或是一段时间内国内乙醇的主要来源。

3.2.3.3 生物质成型燃料利用技术

（1）发展现状。生物质成型燃料是生物质经粉粹至一定尺寸后，在适宜的温度、湿度和压力下，利用成型机械压缩而成的高热值、高密度、用作燃料使用的成型条状或块状颗粒。生产固体成型燃料的生物质有许多种，常见的有玉米秸秆、麦秸、稻草、稻壳、花生壳等以及木屑燃料、树皮等。生物质固体成型燃料的成型设备主要分为三大类：螺旋挤压式、活塞冲压式和模辊挤压式。生物质颗粒燃料的生产主要由干燥、粉碎（除尘）、输送、收集、原料混合搅拌、固体成型、切断、冷却、包装、入库等组成，而各块状的工艺相对较为简单，其生产工艺流程如图3-23所示。表3-11和表3-12是国内成型燃料的主要指标和几种典型生物质成型燃料的性质。

图 3-23 块状固体成型燃料生产工艺流程

表 3-11 国内成型燃料的主要指标

生物质成型燃料类别	直径（mm）	密度（g/cm³）	单位耗能（kW·h/t）	成型燃料含水率（%）
成型块状燃料	30~100	0.8~1.3	30~60	<30
成型颗粒燃料	8~12	0.9~1.4	70	<30

表 3-12 几种典型生物质成型燃料的性质

类型	生物质原料	工业分析（%）				元素分析（%）					低位发热量（kJ/kg）
		水分	灰分	挥发分	固定碳	碳	氢	氧	氮	硫	
农作物秸秆	棉秆	8.42	21.69	62.33	7.56	38.33	4.74	24.98	1.55	0.29	13 147
	麦秸	8.79	9.95	72.01	9.25	43.46	5.66	31.12	0.74	0.28	15 225
	玉米秸	9.15	7.71	75.58	7.56	44.92	5.77	31.26	0.98	0.21	15 132
木质	落叶松	7.63	1.01	85.55	14.75	48.89	6.19	36.07	0.12	0.09	16 829
	红松	9.32	6.32	76.61	7.75	47.39	5.89	30.75	0.23	0.10	16 645
	混合木质	9.14	9.25	72.65	8.96	47.14	5.63	27.71	0.98	0.15	16 302
混合	木屑＋花生壳（1：4）	9.34	13.04	67.38	10.24	43.83	5.46	27.46	0.86	0.02	15 948

注：生物质颗粒燃料直径为8mm，长度10~30mm，测定方法依据欧盟CEN/TS固体成型燃料技术规范，表中数据均为质量分数

我国生物质成型燃料的加工生产集输主要有螺旋挤压、活塞冲压和辊模式成型技术。螺旋挤压式成型机和活塞冲压式成型机一般用于生产棒状燃料，设备较小，生产效率一般在100~200kg/h，主要部件磨损严重，运行不十分稳定，较难实现批量化生产。模辊挤压式成型机一般用于生产块状或颗粒状固体成型燃料，块状燃料截面尺寸一般为32mm×32mm，长50~100mm；颗粒燃料呈直径为6~12mm的圆柱状，高为20~50mm。模辊挤压式中的环模式成型机生产效率较高，为1~2t/h，成型燃料较均匀，适宜大规模生产；平模式成型机的生产率较环模式略低，易于中小规模生产。目前，企业常采用模辊挤压式成型机来生产固体成型燃料，各种生产技术的特点见表3-13。

表 3-13 固体成型燃料主要生产技术比较

类型	螺旋挤压成型技术		活塞冲压技术		辊模式成型技术	
分类	加热螺旋挤压	不加热螺旋挤压	机械驱动活塞式	液压驱动活塞式	环模式	平模式
成型原理	通过螺杆的旋转和挤压，使物料体积减少，实现成型压缩		通过液压油缸或机械驱动活塞产生的冲压力实现物料成型，其进料、压缩和出料都是间歇进行的，即活塞往复运动一次可以形成一个压块		物料在辊子和模板间受挤压，多数原料被挤入模板孔中，切割机将挤出的成型条按一定的长度切割成粒	
适用原料	稻壳、竹壳、锯末		各种农作物秸秆、锯末、树枝等		农作物秸秆	

（续表）

类型	螺旋挤压成型技术	活塞冲压技术	辊模式成型技术
产品特性	有碳化，产品尺寸小，燃烧性能非常好	尺寸较大，间歇生产，无碳化，燃烧性能中等	产品一致性好，保养维护费用低，燃烧性能良好

生物质成型燃料克服原生物质材料热值低、密度小、体积大、易腐败生虫、物理形态不规则、运输不便的缺点，并能有效避免秸秆露天焚烧带来的空气污染。具体来说，一是生物质原料经挤压成型后，密度可达 1.8~1.4t/m³，含水率在 20% 以下；二是热效率提高、燃烧性能好、生物质成型燃料热值高，热值可达 3 400kcal/kg 以上，能源密度相当于中质褐煤，在专用炉具中燃烧热效率可达 50% 以上，而生物质在传统的旧式炉灶直接燃烧后热效率只有 5%~10%；三是与传统的化石燃料相比，是清洁的可再生能源，它使用方便、燃烧完全，含挥发物高（70% 以上），灰分低（一般 <5%），燃烧过程实现"零排放"，即无烟尘、无二氧化硫等有害气体，不污染环境。罗娟等人（2010）利用国外引进的生物质颗粒燃料燃烧器对 8 种典型的生物质颗粒燃料进行试验，结果表明所有生物质颗粒燃料的 SO_2、NO_x 等污染物排放质量浓度远低于国家标准。

我国生物质固体成型燃料的应用主要在生活用能和工农业用能两个方面。生活用能主要是取暖和炊事。在农村，常见的固体成型燃料炉具主要有民用炊事炉、民用炊事取暖炉和民用采暖炉。民用炊事炉主要以燃烧生物质固体成型燃料为主，也可以直接燃烧木料、玉米芯等农林业废弃物。具有结构简单、点火方便、上火快等特点；能够多级多次自然供风，外加风机接口，燃烧效果好；炉具配备微型风机，可以调节火力大小，使生物燃料充分燃烧，提高生物质燃烧的利用率和燃烧效率，适合农户家庭使用。民用炊事、取暖两用炉采用了低排尘浓度、半气化流动燃烧技术，适合农村里的家庭、学校、机关、商店及企事业单位炊事供暖。另外，还可以利用生物质固体成型燃料为设施农业供热。

工业用能是利用生物质锅炉对办公区域供热或进行生物质成型燃料直燃发电技术、混合发电和气化发电。我国的生物质燃料发电已经具有了一定的规模，主要集中在南方地区，许多糖厂利用甘蔗渣发电。广东和广西壮族自治区（以下称广西）共有小型发电机组 300 余台，总装机容量 800MW，云南也有一些甘蔗渣电厂。我国第一批农作物秸秆燃烧发电厂在河北石家庄晋州市和山东菏泽市单县建设，装机容量分别为 2×12MW 和 2×25MW，发电量分别为 1.2 亿和 1.56 亿 kW·h，年消耗秸秆 20 万 t。

① 生物质固体成型燃料直燃发电。该技术直接利用生物质固体成型燃料燃烧发电，比较适合我国众多的小型燃煤火力发电厂。燃煤火力发电厂可以根据生物质固体燃料的性质对原有的发电设备和工艺进行改造和改进，使燃煤发电机组可

以利用生物质固体成型燃料，投资少，技术要求不高，可解决小型火力发电厂关停的问题。该发电工艺流程如图 3-24 所示。

图 3-24 生物质固体成型燃料直燃发电工艺流程

② 生物质固体成型燃料混烧发电技术。该技术是根据当地生物质资源的情况，将生物质固体成型燃料与煤进行一定的比例混合，然后进行混烧发电，如图 3-25 所示。生物质固体成型燃料与煤的混合比例在理论可以高达 80%，与低热值的煤混烧时，锅炉的热利用率与烧煤相比，热利用率可提高 10% 左右，SO_2 排放量减少 50% 以上，NO_x 的排放量减少 30% 以上。该技术可充分利用燃煤电厂的原有设施和系统，规模灵活，经济性较好，可解决化石能源短缺及生物质资源季节性变化，常年供应不稳定的难题，减少原料供应风险，具有较好的发展前景。

图 3-25 生物质固体成型燃料混燃发电工艺流程

③ 生物质固体成型燃料气化发电技术。生物质固体成型燃料气化发电技术是生物质气化、燃气内燃机发电、余热蒸汽轮机发电的联合技术，如图 3-26 所示。该技术没有高温气体净化过程，解决焦油问题的成本较低，并且实现了废水的循环利用，可以有针对性地解决农作物秸秆等生物质随意焚烧引发的环境问题以及生物质固体成型燃料直燃发电和混燃发电过程中存在的结焦问题，成为生物质固体成型燃料利用的一个重要发展方向。

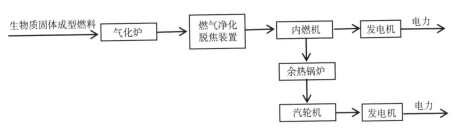

图 3-26 生物质固体成型燃料气化发电工艺流程

20 世纪 80 年代引进螺旋式生物质成型机，国内一些大专院校和研究院所先后研制出螺旋棒状、机械活塞、液压活塞式棒状、液压平模、环模等多种生物质成型机及配套的生物质燃烧炉。目前，我国生物质固体成型燃料的生产加工设备现已实现国产化，并形成一定的生产规模，固体成型燃料的加工生产技术也发展得较为成熟,更适合我国的生物质原料。

另一方面,在我国,生物质固体成型燃料得到各方面的足够重视。2005年《中华人民共和国可再生能源法》确定了可再生能源在国家发展中的重要位置。同年,在《可再生能源产业发展指导目录》的16个生物质能项目中,将农作物秸秆、林木质制成固体成型燃料代替煤炭进行示范占得一席之地。2008年《秸秆能源化利用补助资金管理暂行办法》中明确指出,对"从事秸秆成型燃料、秸秆气化、秸秆干馏等秸秆能源化生产的企业"给予资助。在《可再生能源中长期发展规划》中,把固体成型燃料作为重点发展领域,国家发展改革委《生物质固体成型燃料发展规划》提出,要结合农村基本能源需求和改变农村用能方式,开展生物质颗粒燃料应用示范点建设,到2020年使生物质固体成型燃料成为普遍使用的优质燃料,达到年消耗量成型燃料5 000万t,代替3 000万t煤。但是,据统计,2013年全国成型燃料总产量仅为683万t,未达到预期目标。2015年4月颁布的《促进生物质能供热发展的指导意见》提出,加快生物质成型设备、生物质锅炉、成型燃料等一系列国家标准的制定和发布。重点在京津冀鲁、长三角、珠三角等地区建设数百个大型的先进生物质燃料锅炉供热项目,以替代燃煤锅炉进行供热。有关政策法规的制定和实施将会引导和促进生物质固体成型燃料的发展,并影响其发展趋势。

(2)面临的问题和挑战。

① 原料方面。原料收集是制约成型燃料技术发展的技术瓶颈。我国可利用的生物质主体是农作物秸秆,但收获农作物秸秆的季节性强,时间短,生产企业很难在短时间内把各家各户的秸秆收集起来用于正常生产,从而导致原料收集困难。在我国,以农作物秸秆为代表的生物质收集主要有农民分散送厂、在农村建立原料收购点和加工企业直接收集这3种方式。这三种物料的收集方式适用于各种生物质固体成型燃料的生产加工企业,但是在实际操作过程中,存在着许多问题。

另外,原料种类,包括原料组成、种类、贮存时间、干燥条件等都对成型工艺和固化成型燃料性能有影响。不同生物质的木质素、纤维素、半纤维素、果胶质等成分含量差别较大,生物质原料力传导性很差,反弹性很强,被压缩成型的条件也有很大差异,成型后制品的残余内应力也不同,故开裂程度不同。原料的种类不但影响成型质量,如成型块的密度、强度、热值等,而且影响成型机的产量及动力消耗。原料的含水率、储存时间、颗粒度也都对生产工艺和成本有很大影响。

② 生产设备。目前国内加工木质原料的环模设备从设计到制造基本上都沿用颗粒饲料成型机的技术,生产厂家未能根据生物质成型燃料的特定要求对设备进行实质性改进,影响整个行业的发展,主要表现在:一是易损部件磨损快,维修

费用高。对于螺旋挤压成型机，由于螺杆与物料始终处于高速摩擦状态，导致压缩区（高温、高压）螺纹的磨损非常严重，目前国内外的工艺技术条件尚不能从根本上解决螺杆磨损问题，螺杆的平均修复期仅为60h左右。对于活塞式冲压成型机，套筒与推进器在200~340℃高温和700~1 000kg/cm²高压下处于干摩擦状态，工作环境差，使套筒和推进器磨损严重，其使用寿命问题是成型机的技术关键问题，甚至是影响行业发展的主要问题。对于环模成型机，国内外的同类设备平均修复周期约1 000h，维修费用（取决于环模直径）为1万~4万元。二是可靠性差，能耗高。螺旋挤压成型机挤压时物料中的水分受热急剧蒸发，容易产生"放炮"现象。采用压辊式成型机生产生物质燃料时，不仅成型设备消耗能量，而且工艺流程中其他环节（如粉碎、输送等）的电机驱动都消耗大量的电能，仍需要技术改进和完善更新。三是工艺辅助设备不配套，连续运行能力低。烘干、粉碎设备等都是各企业自行设计加工，其烘干设备无法较好控制原料的含水率，从而影响燃料成型。粉碎机工作条件恶劣，原料夹杂其他硬质杂质，如铁屑、沙粒等，使设备运行不稳定，输送过程易堵塞，故障率高，维修频繁，影响连续生产。

③ 工艺方面。影响生物质固化成型物理力学性能以及燃烧等性能的因素众多，如温度、压力、放气时间等均对固化成型颗粒燃料的破碎强度和密度有显著影响，黏合剂、蒸汽处理、SO₂催化蒸汽预处理等对燃料强度、耐久性等都有显著影响，经济、环保、高性能的新工艺开发将是工艺发展的一个重要方向。

工艺与生产设备密切相关。一方面，现有的设备种类繁多，有关研究所用的设备之间差异也很大，研究用设备与生产设备也存在较大差异，使得研究结果往往不具有可比性和可应用性，因此，生物质固化燃料技术从研究室到工厂还有很长一段路要走；另一方面，现有的工艺压力很高，所以设备磨损大，可靠性较低，能耗较高，如能改进现有的冷压缩成型工艺，开发出低压常温成型工艺，则对生物质固化燃料的发展具有强大的促进作用。改进现有的冷压缩成型工艺，开发出低压常温成型工艺，降低对设备的要求，降低生产成本。成型工艺应向少加热或不加热、低压发展，工艺选择要综合考虑技术、经济和环保因素。如果添加胶黏剂尤其是燃烧后无有害物质产生的胶黏剂，如某些无机胶黏剂和天然有机物质，能降低压力而且经济上更合理，应予以采用。另外，原材料应进行适当预处理，可以借鉴无胶胶合的研究成果，从而降低成型压力，减少设备磨损和动力消耗。

④ 市场方面。我国的生物质固化燃料的市场应用主要有两个，一个是生物质发电，一个是农户炊事取暖用。前一个市场面临的问题是生物质气化发电如果没有多联产技术，仅靠发电尚难以盈利，依靠补贴才得以发展；后一个市场则面临一个农户认可的性价比，长期以来，农户都是直接燃烧秸秆取暖和炊事，要农户为成型燃料付费还需要一个过程。相比国外对生物质成型燃料市场和经济性的研

究，国内的相关研究还需进一步深化。

⑤ 应用技术与设备方面。我国生产以秸秆类颗粒为主的炉具较多，但这类炉具由于生物质燃料中含有较多的钾、钙、铁、硅、铝等碱金属元素，在高温下极易沉积和结渣，燃烧效率不高。与以木屑颗粒为燃料的炉具相比，要耗费更多的人力，并且由于成本高、原料供应等原因，以上炉具还未大面积推广应用。固体成型燃料在燃烧过程中会产生玷污现象和焦油难处理的问题，这在一定程度上制约生物质固体成型燃料技术的发展。因此生物质固化成型燃料的应用技术包括引燃剂、抗结渣技术等。

其次，应用技术的开发和应用设备的研制必须有一个燃料特性基准，如颗粒大小对热解产物的影响显著，而我国市场上的生物质固化成型燃料种类众多，规格和特性千差万别，形状有颗粒、块状、棒状等，大小在 6~120mm 不等，密度在 0.8~1.4g/cm^3，造成应用技术的研究缺乏一个公共的燃料基准，特别是对生物质固化成型燃料的应用设备如锅炉、取暖设备的设计、制造、销售、应用各个环节都造成困扰。

另外，我国现有的炉具由于价格较高，农户难以接受。为此，应加强生物质燃料应用技术和应用设备开发，尤其是降低安装成本和使用成本。

⑥ 项目建设和运行模式问题。由于行业准入门槛较低，除少数几家专业大公司外，大多数生物质成型燃料企业规模都比较小。由于企业规模小，生产装备落后，集约化程度低，其生产模式是间歇式生产，规模效益不显著，成本很难随产量下降。其原因，一是为进一步获得市场份额，大部分小企业在竞争中不断压低产品价格，迫使整个行业产品价格下降，造成市场恶性竞争加剧，进一步削弱行业利润率，严重影响国内生物质成型燃料的质量和产业效益。二是小型企业成本低、价格低、技术含量低，为进一步压缩成本，在收购时只好恶意压低原料价格。由于秸秆收购价格达不到农民心理预期水平，大多数农户不愿意主动出售秸秆，进一步放大原料收集瓶颈。三是小型企业多数是家族企业经营，经营者大多没有受过正规管理培训，在财务税收和管理方面比较混乱。其管理模式尽管在创业初期具有初始融资、内部信息通畅和良好的人际关系等优势，但自身还存在一些缺陷，例如，对销售市场缺乏充分了解；经营管理方法不够科学规范；缺乏良好的企业文化，不利于优秀人才进入企业核心阶层；企业行为容易受短期行为与投机心理干扰等。这种管理模式跟不上产业发展，将越来越不适应市场变化。

（3）创新及发展趋势。在生物质成型燃料加工生产方面，一定时期内，设备开发和改进尤其是关键部件的耐磨性改进是生物质固化成型的关键，应用硬质合金及其他新材料、新工艺制造关键部件和易损件，提高寿命，降低维修成本，提高稳定性，加强配套设备的研发，提高生产的可靠性和稳定性。为此，需要做到以下几点：① 研究机组可靠性强、模具耐磨损性能好、能耗低等关键技术，提高设备的运行可靠性、易件使用寿命和维修方便性等。② 研发造价低的设备机组及配套的干燥、粉碎、冷却和筛分等设备，使成型设备及配套设备进入商业化阶段。③ 研究并完善成型燃料的一体化、自动化运行技术，实现设备生产规模化、产业化，降低人工成本，减少生产中间环节消耗，实现更稳定的运行，满足大规模生物质利用工程的要求。④ 改进现有的冷压缩成型工艺，开发低压常温成型工艺，降低对设备的要求，降低生产成本。

在生物质固体成型燃料利用方面，需做到以下几点：① 研究秸秆等生物质固体成型燃料燃烧过程中碱金属腐蚀问题，找出合理技术减少氯、钾、钠等成分引起的炉膛结渣和结焦等现象，研究耐腐蚀、抗结渣和结焦的新型炉膛材料，从根本上消除或减轻炉膛结渣和结焦等现象。② 应加强模仿创新，吸收和消化国外先进技术，形成具有自主知识产权的固体成型燃料利用设备和关键技术。研发大型生物质气化、新型燃气净化系统、焦油污水处理和大型低热值燃气内燃机等关键技术；研究设计出生物质原料输送及给料系统装置和技术；研制与小型发电系统匹配的系列低焦油生物质气化装置、小型高效低热值燃气内燃机以及高效生物质固化成型燃料燃烧炉等。③ 开发计算机全程监控系统和优化模型，优化技术集成系统，开发出生物质固体成型燃料加工和利用数据远程传输及监控系统。

在市场方面，需加强市场研究，考虑按照生物原材料的性质、部位等进行分类分级利用，不同产品联产，提高经济效益，如将秸秆等生物质营养丰富的叶片等用作饲料，将纤维素含量高的茎秆等用作燃料，木质素含量高的可液化代替苯酚制造其他化学品。另外，要加强市场营销研究，设计一套各方都能接受的方式开拓生物质固化燃料市场。

在政策方面，产业政策在产业发展中发挥着引导和调控作用，务实有效地解决相关产业发展中存在的问题，在经济结构调整，优化升级和提升产业国际竞争力方面发挥了不可代替的作用。我国对生物质固体能源产业发展的重视程度大小，直接影响着我国生物质固体能源技术和能源产业国际市场地位的高低。因此选择、制定一套有效、可持续的政策体系是我国当前或未来发展生物质固体能源产业的重中之重。

3.2.3.4　生物柴油

（1）发展现状。

① 生物柴油。美国材料试验学会将生物柴油定义为：来源于可再生液体原料的长链脂肪酸甲酯。因此，所谓的生物柴油是指以油料作物、工程微藻等水生植物、动物油脂或餐饮垃圾油等为原料，通过生物或化学手段将其转化成可

代替石化柴油的高脂酸甲烷。生物柴油可以划分为第一代生物柴油［脂肪酸甲酯（FAME）］和第二代生物柴油（加氢法生物柴油）。其中第一代生物柴油是动物油脂（甘油三酯与甲醇在酸、碱、生物酶等催化的作用下制备而成），工艺相对简单，技术门槛较低。第二代生物柴油是通过加氢工艺脱除油脂中的氧和部分碳生成的烃类，其组成和结构与石化柴油完全相同，但是其生产工艺和设备相对要求较高。目前我国生物柴油企业生产的主要是第一代生物柴油。生物质柴油的进化过程见表3-14。

表 3-14　生物柴油进化过程

类别	原料	核心技术	产物	评价及发展情况
第一代生物柴油	动植物油脂、餐饮废弃地沟油和低分子醇	酯交换法	脂肪酸低碳醇酯	具有硫含量低、原料可再生的特点，已进入大规模工业化生产
第二代生物柴油	动植物油脂	催化加氢	液态脂肪烃	在结构和性能方面更接近石化柴油，制备技术实现工业化
第二代生物柴油	非油脂类生物质微生物	生物质气化培养和萃取微生物油脂	含有 CO、H_2、CH_4 等的混合气体微生物油脂	处于试验阶段，欧美等发达国家在催化剂和气化装置研究方面处于世界前列

生物柴油与石化柴油相比有以下优点：十六烷值较高，大于49（石化柴油为45），抗爆性能优于石化柴油；含氧量高于石化柴油，可达11%，在燃烧过程中所需的氧气量较石化柴油少，燃烧、点火性能优于石化柴油；不含芳香族烃类成分而不具致癌性，不含硫、铅、卤素等有害物质；无须改动柴油机，可直接添加使用；生物柴油的闪点较石化柴油高，有利于安全运输、储存；不含石蜡，低温流动性好，适用区域广泛。生物柴油是典型的"绿色能源"，生产生物柴油的能耗仅为石油柴油的25%，可显著减少燃烧污染排放；生物柴油无毒，生物降解率高达98%，降解速率是石油柴油的2倍；生产生物柴油适用的植物可以改善土壤，保护生态，减少水土流失；利用餐饮废油脂生产生物柴油，可以减少废油直接进入环境或重新进入食用油系统，有较大的环境价值和社会价值。研究证明，混入20%生物柴油的车，柴油颗粒物排放降低14%、总碳氧化物排放降低13%、硫化物排放降低70%以上。直接利用生物柴油时，柴油机排气管有害物质的排放大大降低，CO下降了46%，THC下降了37%，PM10下降了68%，但NO_x比使用柴油时上升了8.89%。

生物柴油的制备方法有物理法和化学法。物理法包括直接使用法、混合法和微乳液法；化学法包括高温热裂解法和酯交换法。目前工业生产生物柴油的主要方法是酯交换法，即用各种动植物油脂与甲醇等低碳醇类物质在催化剂作用下反应而生成，清洁生物柴油的生产工艺流程如图3-27所示。酯交换法包括酸或碱催化法、生物酶法、工程微藻法和超临界法。

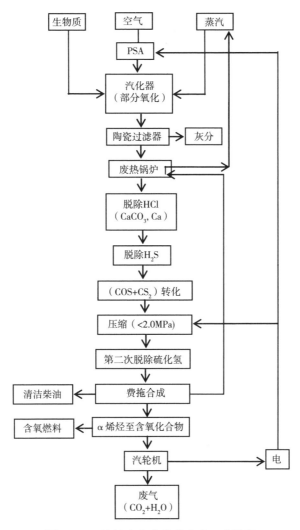

图 3-27　清洁生物柴油的生产工艺流程

酸或碱催化法：油脂在酸或碱的催化条件下与低碳醇进行酯化和酯交换反应，反应后除去下层粗甘油，粗甘油经回收后具有较高的附加值；上层经洗涤、干燥即得生物柴油。此方法缺点是工艺复杂，醇必须过量，后续工艺应有醇回收装置及洗涤装置。此外，油脂中的不饱和脂肪酸在高温下容易变质，甚至会出现凝胶、产物色泽变深等现象。

生物酶法：油脂和低碳醇通过脂肪酶进行酯化反应。用于催化的脂肪酶主要是酵母脂肪酶。生物酶法的优点在于条件温和、醇用量少、游离脂肪酸和水的含量对反应无影响、无污染排放。但脂肪酶价格昂贵，故此方法成本较高。

工程微藻法：先通过基因工程技术构建微藻生产油脂，再进行酯交换反应。

工程微藻法的优越性在于微藻生产能力高，比陆生植物单产油脂高几十倍；用海水作为天然培养基，节省了农业资源。因此，发展富含油脂的工程微藻是发展生物柴油的一大趋势。

超临界法：超临界反应是在超临界流体参与下的化学反应，超临界流体既可以作为反应介质，又可以参与反应。在超临界状态下，低碳醇和油脂成为均相，反应速率大，反应时间短。另外，由于在反应中不使用催化剂，因此反应后续分离工艺简单，不排放废碱或酸液，不污染环境，生产成本大幅降低。但是超临界法反应条件非常苛刻，需要在高温高压下进行。

② 生物柴油的性质。如表 3-15 所示，生物柴油的物理化学性质、燃烧性质和石化柴油性质相似，因此可单独或与石化柴油混合作为柴油机的燃料使用。在常温下，生物柴油与 0 号柴油的性质相近，柴油机运行情况良好。

表 3-15　生物柴油与石油化柴油的性质

项目		生物柴油	石油化柴油
冷凝点（CEPP/℃）	夏季产品	-10	0
	冬季产品	-20	-20
20℃的密度（g/ml）		0.88	0.83
40℃的运动粘度（mm^2/s）		4~6	2~4
闪点（℃）		>100	60
可燃性（十六烷值）		最小 56	最小 49
热值（MJ/L）		32	35
燃烧功效（柴油=100%）（%）		104	100
硫含量（%）		<0.001	<0.2
氧含量（体积）（%）		10	0
燃烧燃料按化学计算法的最小空气耗量（kg）		12.5	14.5
水危害等级		1	2
三星期后的生物分解率（%）		98	70

目前生物柴油使用最多的是欧洲，其份额已占到成品油市场的 5%。2004 年欧盟国家生物柴油的产量突破 20 万 t。此外，美国、加拿大、巴西、日本等国家也在积极发展生物柴油。日本 1995 年开始研究生物柴油，目前年产量可达 40 万 t。与国外相比，我国生物柴油的开发利用还处于初级阶段，对生物柴油的研究还处于工业化示范阶段，只有几家万吨级生产企业，年产量不足 10 万 t，尚未达到完全工业化利用的水平。随着石油等传统能源的日益紧缺，生物柴油开发已引起我国政府和众多企业的关注。在 2009 年 11 月举行的北京国际可再生能源大会上，国家发展和改革委员会提出中国政府将积极发展以能源作物为主要原料的生物质液体燃料，到 2020 年达到年替代石油 1 000 万 t 的能力。因此，开发生

物柴油不仅与目前石化行业调整油品结构、提高柴汽比的方向相契合，而且意义深远。

（2）面临的问题和挑战。近年生物柴油在我国发展迅速，但与欧美相比，我国的生物柴油研究还处于初级阶段，一些高校及部分研究机构都还只是进行实验室研究，要使其在我国能源结构转变中发挥更大的作用，只有向规模化、产业化方向发展，同时国家也需要出台一系列的扶持和优惠政策，以提高生物柴油在价格上的竞争优势，提高社会对生物柴油的有效需求，从而实现生物柴油行业在我国的飞速发展。目前我国生物柴油利用面临的问题有以下几个方面。

① NO_x 排放量高。众所周知，富氧是 NO_x 生成的条件之一。而生物柴油氧含量较高，燃用时会使柴油机的 NO_x 排放量明显增加，这也是生物柴油排放特性中唯一差于石化柴油的指标。

② 黏度大、安定性差。生物柴油黏度较大且分子中含有不稳定的双键，长期使用会在油路中发生聚合反应，生成大分子胶状物质，引起燃料系统结胶，使滤清器和喷油嘴堵塞。这两个问题极大地限制了生物柴油的实际应用。对器件的腐蚀性强，若生物柴油质量不达标，残留的微量甲醇与甘油容易腐蚀金属材料和密封圈、燃油管等橡胶零件。另外，生物柴油对合成橡胶和天然橡胶有软化和降解作用，使其与汽车油路、油箱和油泵系统密封件的相容性差。

除上述原因外，我国生物柴油发展还面临着其他一些问题。

① 原料来源不稳定，产品质量差。与国际上普遍通行的采用植物油脂为原料不同，目前我国生物柴油的原料主要为餐饮废油，如地沟油、泔水油等。来自国家粮油信息中心的数据显示，2012 年我国食用油消费量达 2 540 万 t，可产生约 450 万 t 地沟油，是价格低廉的生物柴油原料。由于所收集的餐饮废油来源复杂，杂质含量高，使得生物柴油产品质量不稳定。另外，整个制备过程中产生的废水、废物以及废气的排放和处理也会大大增加生产费用和对环境的影响。

② 成本与原料问题。生物柴油制备成本有 75% 为原料成本，降低原料成本是推广生物柴油产业化的关键，因此可以考虑选择一些含油率高的植物，如蓖麻树、黑皂树、油桐树等，或来源丰富、价格低廉的原料。

（3）创新及发展趋势。

① 针对柴油机直接燃烧生物柴油时 NO_x 排放量较高的现象，可从机内净化和机外净化两个方面对其加以控制。机内净化方法主要包括减小喷油提前角、使用汽化潜热较大的燃料（如乙醇）与生物柴油掺混燃烧、废气再循环、改善喷油系统的喷油规律等。机外净化方法主要有选择性催化还原技术、NO_x 的吸附技术及等离子体技术等。

② 开展生物柴油降黏技术研究。我国于 20 世纪 80 年代先后在大庆、辽河等油田展开原油磁场处理降黏技术研究，在原油的防蜡、降黏等方面收到明显效果，获得巨大经济效益。这对生物柴油进行磁处理以达到降黏目的无疑有很大的借鉴意义。此外，有研究者认为超声波也对降低生物柴油黏度有一定的影响。因此，采用物理方法对生物柴油进行降黏处理是可行的。

③ 改变柴油机易腐蚀零件材料。生物柴油中残留的微量甲醇与甘油容易对密封圈、燃油管等橡胶零件产生腐蚀作用。针对这种现象，为促进生物柴油的普及应用，柴油机生产企业可对上述零件的材料重新选择。研究表明，聚四氟乙烯材料可有效减轻腐蚀作用，可以替代原来材料用于生产上述零件。

④ 建立完善的废弃油脂回收体系，保证生物柴油的质量。我国需形成一个集收集、处理至生物柴油产出于一体的完整产业链，同时要推广一批新技术如催化剂的研制等以保证生物柴油的质量。

⑤ 原料来源问题。餐饮废油的利用可以促进生物柴油产业的发展，但其资源总量有限，供应不稳定，且原料组成及性能变化大，只能是生物柴油产业发展的补充资源。我国是植物资源相对丰富而且分布广的国家，可为生物柴油原料的选择提供便利。但我国是人口大国，粮食供应有限，不可能利用大量的粮食作物作为生物柴油原料，而且我国人多地少，不宜过多占用耕地种植油料作物。因此，我国可以充分利用退耕还林这个契机，利用林地和荒山因地制宜种植一些含油率高、耐贫瘠、生长快的植物，这样一方面可以降低成本，另一方面也可以稳定生物柴油原料来源，保证产品质量。从长远来看，解决生物柴油来源的问题，应将生物柴油原料同节能减排结合起来，开发应用微藻生产生物柴油，而生物柴油燃烧产生的二氧化碳来养藻等技术。

3.2.4　地热能利用技术

3.2.4.1　地热能技术发展现状

地热能是从地壳抽取的天然热能，这种能量来自地球内部的熔岩，并以热力形式存在。地球内部的温度高达 7 000℃，而在 80~100km 的深处，温度会降至 650~1 200℃。透过地下水的流动和熔岩涌至离地面 1~5km 的地壳，热力得以被转送至较接近地面的地方。高温的熔岩将附近的地下水加热，这些加热的水最终会渗出地面。地热是一种储量大、分布广、清洁环保、稳定性好、利用系数高的清洁能源，开发利用地热能有利于调整能源结构、节能减排、改善环境，在未来能源供应与节能减排方面具有巨大潜力。地热能可以划分为浅层地热能、中深层地热能及干热岩三大类。浅层地热能主要通过地源热泵开发，用于供暖或制冷。中深层地热能按开发利用目的，可分为中低温地热能（25℃≤温度 <150℃）及

高温地热能（温度≥150℃），其中，中低温地热能可以直接利用。

我国的高温地热资源主要集中在环太平洋地热带通过的我国台湾地区，地中海—喜马拉雅地热带通过的西藏南部和云南、四川西部。全国2 562处温泉，排放热量相当于每年452万t标准煤，其中温泉数最多的西藏、云南、台湾、广东和福建等省，温泉数约占全国温泉总数的1/2以上；其次是辽宁、山东、江西、湖南、湖北和四川等省，每省温泉数都在50处以上。全国有12个主要地热盆地，面积400万km²，地热资源也比较丰富，地热资源储量折合标准煤8 530亿t，但差别十分明显，除青藏高原外，总的来说盆地的地温梯度由东向西逐渐变小。地处东部的松辽平原、华北盆地和下辽河盆地等地温梯度较高，而位于西部的柴达木盆地和塔里木盆地仅为1.5~2℃。目前中国已发现的水温在25℃以上的热水点（包括温泉、钻孔及矿坑热水）有4 000余处，分布广泛。

地热能的开发利用可分为发电和非发电两个方面。高温地热资源（150℃以上）主要用于发电；中温（90~150℃）和低温（25~90℃）的地热资源以直接利用为主，多用于采暖、干燥、工业、农林牧副渔业、医疗、旅游及人民的日常生活等方面；对于25℃以下的浅层地温，可利用地源热泵进行供暖、制冷。

中国是世界上地热能利用最早的国家之一，但是，早期对地热资源的开发利用主要是将温泉直接用于医疗和洗浴。20世纪80年代以来，地热资源开发利用进入快速发展阶段。尤其是20世纪90年代以来，在市场经济的推动下，地热资源开发利用得到蓬勃发展，地热开发最大深度超过4 000m。经过30多年的发展，我国基本形成以天津为重点开展城市供热、以羊八井为重点进行发电利用的地热利用主格局。目前，我国地热开采利用量以每年近10%的速度增长，在整个能源结构中所占比例不足0.5%。直接使用地热资源的设备能力为8 898MW，居世界第2位，仅次于美国；但是地热发电的装机容量仅为24MW，在24个具有地热发电的国家中排名第18位。现在我国应用浅层地温能供暖制冷的建筑项目有2 236个，地源热泵供暖面积达1.4亿m²，80%的项目集中在北京、天津、河北、辽宁、河南、山东等地区。建筑节能中，太阳能、地源热泵等可再生能源技术越来越被广泛应用。

（1）地热发电。地热发电是地热利用的最重要方式。高温地热资源首先用于发电。我国高温地热资源（温度高于150℃）主要集中在西藏南部、云南西部和台湾东部。目前已有5 500个地热点，45个地热田，热储温度均超过200℃。地热发电是利用载热体带到地面上来的地下热能在汽轮机中转变为机械能，然后带动发电机发电。与火力发电相比，地热发电不需要装备庞大的锅炉，也不消耗燃料。按照载热体类型、温度、压力和其他特性的不同，可把地热发电的方式划分为蒸汽型地热发电和热水型地热发电两大类。

① 地热蒸汽发电。蒸汽型地热发电是把蒸汽田中的干蒸汽除去岩屑和水滴之后直接引入汽轮发电机组发电。地热蒸汽发电有一次蒸汽法和二次蒸汽法两种。一次蒸汽法直接利用地下的干饱和（或稍具过热度）蒸汽，或者利用从汽、水混合物中分离出来的蒸汽发电。虽然这种发电方式最为简单，但干蒸汽地热资源多存于较深的地层，且十分有限，难于开采。二次蒸汽法的第一种方式是将天然蒸汽通过换热器将洁净水气化，然后再利用洁净蒸汽发电，另一种方式是将第一次汽水分离出来的高温水进行减压扩容产生二次蒸汽，然后和一次蒸汽一起进入汽轮发电机发电。

② 地热水发电。地热水不能直接进行发电，须以蒸汽状态输入汽轮机。对温度 <100℃ 的非饱和态地下热水产生蒸汽的方法有两种：一是减压扩容法。利用抽真空装置，使进入扩容器的地下热水减压汽化，产生低于当地大气压力的扩容蒸汽，然后将汽和水分离、排水、输汽充入汽轮机做功，这种系统称"闪蒸系统"。低压蒸汽的比容很大，因而使汽轮机的单机容量受到很大的限制但运行过程比较安全。另一种是利用低沸点物质，如氯乙烷、正丁烷、异丁烷和氟利昂等作为发电的中间工质，地下热水通过换热器加热，使低沸点物质迅速气化，利用所产生气体进入发电机做功，做功后的工质从汽轮机排入凝汽器，并在其中经冷却系统降温，又重新凝结成液态工质后再循环使用，这种方法称"中间工质法"，这种系统称"双流系统"或"双工质发电系统"。这种发电方式安全性较差，如果发电系统的封闭稍有泄漏，工质逸出后很容易发生事故。

联合循环地热发电是把上述地热蒸汽发电和地热水发电两种系统合二为一的一种新发电系统，可以适用于大于 150℃ 的高温地热流体（包括热卤水）发电，经过一次发电后的流体，在并不低于 120℃ 的工况下，再进入双工质发电系统，进行二次做功，这就充分利用了地热流体的热能，既提高发电的效率，又能对以往经过一次发电后的排放尾水进行再利用，充分节约资源。

（2）地热直接利用。在全部地热资源中，中、低温地热资源比高温地热资源丰富得多。我国的地热直接利用热功率为 2 443MW，仅次于日本，居世界第 2 位，占世界总量的 27%。我国地热能直接利用方式包括地源热泵、地热供暖、温泉洗浴、温室大棚等。但是，地热能的直接利用由于受热水输送距离的制约，热源不宜离用热的城镇或居民点过远。2014 年年底，随着开发利用技术的发展，地暖首次超过温泉洗浴成为中低温地热资源最重要的利用方式，如图 3-28 所示。

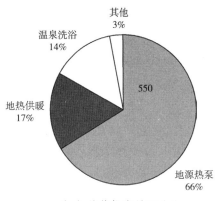
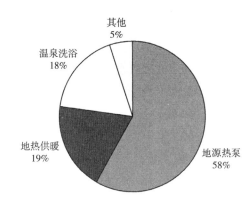

（a）总装机容量百分比　　　　　　（b）年利用量百分比

图 3-28　2014年年底我国主要地热直接利用方式占总装机容量及年利用量百分比

① 热泵供暖/制冷。地源热泵是从地下吸收热或将地中热放出的设备，不管热是来自大气或是地中，其工作原理和空调机一样。地中热利用热泵有地中热交换型、地下水利用型、地表水利用型等。地源热泵可利用浅层地能进行供热制冷。它与使用煤、气、油等常规供热制冷方式相比，具有清洁、高效、节能等诸多优势。我国地源热泵的开发利用起步较晚，20 世纪 90 年代开始推广和研究地源热泵系统，主要用于建筑物冬季供暖和夏季制冷。从 2000 年起，地源热泵的开发利用在全国得到普遍推广，每年以 10%~15% 的速度增长。2004 年以后，热泵技术得到迅速发展，年增长率持续超过 30%。热泵技术在京津地区发展最快。目前，我国 31 个省、自治区、直辖市均有地源热泵系统工程，有 7 000 多个地源热泵供暖、制冷项目。总体上看，地源热泵项目主要集中在我国华北和东北南部地区，包括北京、天津、河北、辽宁、河南、山东等省（直辖市），约占全国的 80%。建筑物类型主要集中在办公楼、宾馆、医院、商场、学校和住宅等。至 2014 年年底，我国地源热泵机组总装机容量为 11.78GWt，地热能年利用量为 100 311TJ。到 2015 年年底，我国地源热泵供暖、制冷面积达 5 亿 m²。沈阳市有 4 300 多万 m² 建筑使用地源热泵供暖、制冷，北京约有 4 000 万 m²，山东省约有 3 000 万 m²。非传统集中供暖区的长江中下游、江淮之间的冬季集中供暖已提上日程，地源热泵发展面临难得的机遇。

② 地热供暖。将地热能直接用于采暖、供热和供热水是仅次于地热发电的地热利用方式。利用地热水采暖不烧煤、无污染，可昼夜供热水，保持室温恒定舒适。地热采暖虽初期投资较高，但总成本只相当于燃油锅炉供暖的 1/4，不仅具有节省能源、运输、占地等特点，又极大地改善大气环境，经济效益和社会效益十分明显，是一种比较理想的采暖能源。该利用方式简单、经济性好。地热采暖在我国北方城镇也很有发展前途。北京、天津、辽宁、陕西等省（直辖市）的采暖面

积逐年增多，已具一定规模。在京津地区已成为地热利用中最普遍的方式，天津市地热采暖面积已超过 $300 \times 10^4 m^2$，如以每平方米供暖消耗煤 35kg 计，则可节省 $105 \times 10^4 t$ 标准煤。目前，房地产开发商将房地产开发与地热资源利用相结合起来，兴建许多利用地热水供暖、洗浴、游泳的温泉公寓、温泉宾馆和温泉度假村，促进地热资源开发利用。

到 2015 年年底，我国中低温地热供暖面积达 1.02 亿 m^2，地热供暖涉及陕西、河北、山东、辽宁、北京、天津、黑龙江、河南、山西等十几个省、直辖市。其中，天津中低温地热供暖面积约为 2 000 万 m^2，河北省地热供暖面积约为 1 800 万 m^2，随后依次是山东、陕西、北京、河南等地。

到 2014 年年底，我国地热供暖开发利用地热能装机容量为 2 946MWt，地热能年利用量为 33 710TJ。地热供暖以天津市、陕西省、河北省为代表，目前已成功打造"雄县模式"与"咸阳模式"。

③ 温泉洗浴。地热水本身具有较高的温度，含有多种化学成分、少量的生物活性离子以及少量的放射性物质，对人体可起到保健、抗衰老作用，对风湿病、关节炎、心血管病、神经系统具有宝贵的医疗价值。到 2014 年年底，我国温泉洗浴开发利用地热能装机容量为 2 508MWt，地热能年利用量为 31 637TJ，以北京和东南沿海为代表。

④ 温室种植和水产养殖。地热能更多地用于温室种植和水产养殖，利用技术也不断提高，很多高水平的温室大棚在北京、天津等大城市和滨海地区出现。到 2014 年年底，我国温室种植和水产养殖开发利用地热能装机容量分别为 154MWt 和 217MWt，地热能年利用量分别为 1 797TJ 和 2 395TJ，以华北平原为代表。

3.2.4.2 地热能发展面临的问题和挑战

虽然我国出台了一系列鼓励措施，使地热能应用发展迅速，但目前我国尤其在浅层地热能的使用方面存在着一些共性的问题。

（1）缺乏地热能开发利用的宏观指导。开发利用地热能，首先要勘查评价项目所在地的地质条件，确定地热能可开发利用的区域及合理利用量，预测开发利用地热能产生的环境影响。虽目前我国尚未建立公共浅层地热能利用地质条件信息数据库和管理系统，缺乏对地热能开发利用前期的宏观指导，使得地热能的开发存在一定的盲目性。

（2）地热能企业尤其是浅层地热能企业水平良莠不齐。随着浅层地热能开发利用规模的扩大，吸引国内外企业蜂拥进入浅层地热能开发利用市场。大多数公司根本不具备系统测试能力和设计能力，缺乏对地下换热系统长期运行的地下温度变化、地下水的回灌、地下水位下降、水资源二次污染等问题的考虑，而且该行业的门槛不高，对隐蔽施工的监理机制也不够健全，执行力度较弱，造成施工质量不高、设计不合理、运行不科学、管理不到位的现象，直接影响浅层地热能产业的健康发展。

（3）浅层地热能开发利用技术研发滞后。我国浅层地热能开发利用规模在十几万平方米的工程很多，甚至很多城市都有 20 万 ~30 万 m^2 的工程，这些工程利用现有技术，使大量地埋管换热器集中在一个地块，项目长期运行后，在中间部位的换热器换热能力大大下降，从而影响整个地源热泵系统的效率，甚至可能导致系统瘫痪。

（4）工程设计方法需进一步完善。目前工程设计是根据经验数据估计土壤的换热能力，并直接确定埋管的数量和地热井的深度，但不同的土壤资源情况不同，根据估算的结果来设计、施工、安装，很大程度上会导致系统运行出现问题，甚至出现取热（冷）效果差，热泵机组停机。

（5）地热利用技术发展滞后、基层研究力量较薄弱。近 20 年来，地热发电停滞不前，以致地热发电技术远远落后于世界先进国家。地热直接利用虽然发展较好，但也存在资源利用效率较低的问题，没有形成资源梯级开发综合利用的最佳模式。地热成井工艺、回灌技术以及结垢和腐蚀等技术问题较难处理，研发工作没有跟上。虽然国内重要的地热研究机构在地热学研究方面具有较高的水平，但基层勘探开发队伍中，专业技术人员较为缺乏。20 世纪 70—90 年代，我国培养了一大批技术人才，但近 20 年来人力资源匮乏，高校专业设置中已经没有地热学相关专业。目前地热资源勘探开发方面的技术人员主要为水文地质、工程地质等专业人员，对地热学理论知识和地热资源勘探开发技术掌握不够系统。

3.2.4.3 地热能的创新及发展趋势

近 10 年，我国对地热资源的勘查开发利用进展迅速，勘查、开发利用技术与管理逐步走向成熟，呈现以下趋势。

（1）注意非地热异常区的地热资源勘查与开发，拓宽地热资源开发利用的范围。地热资源分布广，在深部有强渗透储层分布的条件下，按地热增温率计算，在一定深度内都有可能获得所期望的地热资源。随着地质勘探技术的进步，对地热资源的开发不仅仅局限在地热异常区或分布较浅的地区，在一些大型沉积盆地和有经济基础的城镇，开始进行隐伏地热资源开发的探索。

（2）油田地区地热资源开发受到普遍关注。沉积盆地的油田地区实际上也是地热资源广泛分布的地区，油田开采后期水多油气少，如华北、胜利一些油田含水量已高达 95%~97%，应逐步转向开采地热资源，对油田地区的经济发展和产业调整十分有益。

（3）重视地热资源的综合利用与梯级利用，提高地热资源的利用率和经济社会效益。对地热资源的开发利用，已由初期的一次性利用向综合与梯级利用方向转化。地热水往往先用于采暖、供热，再用于环境用水，或依据建筑物对温度的不同要求实行梯级采暖，或将一次采暖后的尾水，利用热泵进一步提取其热能等方式，这些措施提高地热资源的利用率和技术含量。在农业温室种植方面，也在考虑根据不同作物对温度的不同要求，对地热资源实行按温度的梯级合理利用。

（4）重视采灌结合，保证地热资源的可持续利用。在一些较早开发地热的地区，如北京、天津、福州、西安等地，地热水水头已有较明显的下降，在一定程度上影响到资源的开发和持续利用。可采用回灌以及采灌结合来维持地热资源可持续利用和提高地热田资源开采率。

（5）推进规模化开发，使地热资源的配置趋于合理，提高行业整体经济效益。这一措施是适应地热资源采灌结合的开采方式的需要，其目的是限制只采不灌的小型单位对地热资源的开发，在资源条件好的地区，鼓励有经济条件实行规模化开采并可实行采灌结合措施的单位开发地热资源。近年来，北京对昌平北七家及现代农业园、丰台南宫、北工大等开采地热资源的单位推行这一模式，并拟对延庆、凤河营地热田的开发推行这一模式。

（6）地热开发利用中开始应用自动控制技术，提高管理水平。自动控制包括两方面的内容：一是对地热开采井的产量、水量配置，地热尾水的排放温度按供求的实际需要进行自动控制，达到节约使用的目的；二是对地热水的开采量、井内水位（头）变化、水温等参数实行自动监测及远距离传输,为地热资源统一管理、资源远景评价提供依据。

（7）注重地热资源开发的品牌效应,积极申报命名与建设"中国温泉之乡""地热城"。自2003年我国首次命名广东省恩平为"中国温泉之乡"以来，短短5年多的时间内，相继有大庆林甸、海南琼海、北京小汤山、湖南郴州、广东清远、河北雄县、湖北咸宁、山东威海、重庆巴南、广东阳江、福建永泰和连江等13地被中国矿业联合会命名为"中国温泉之乡"；陕西咸阳、山东临沂被命名为"中国地热城"，陕西西安临潼被命名为"中国御温泉之都"；湖北应城汤池，河北霸州、固安，江苏连云港温泉旅游区，南京汤山5处地区被授予"全国温泉（地热）开发利用示范区"。这一活动规范了地热（温泉）资源的开发与管理，提高了地区的知名度和地热开发利用的社会经济效益。

（8）利用热泵技术，开发浅部地热能，发展地热采暖与空调。目前已普遍利用水（地）源热泵，将储存于恒温带以下一定深度的浅部低、中温地热能用于采暖和空调，该技术已在北京、天津、沈阳等地得到比较广泛的应用。

（9）开始关注干热岩的开发利用问题。干热岩是深埋于地下（一般在3 000m

以下)、温度大于 200℃、内部不存在流体或仅有少量地下流体的岩体。干热岩中赋存有丰富的地热资源，计算显示，地壳中干热岩所蕴含的能量相当于全球所有石油、天然气和煤炭所蕴藏能量的 30 倍，可以说是取之不尽、用之不竭的可再生能源。开发干热岩中的热能，就是通过钻井，从地表往干热岩中注入温度较低的水，注入的水沿着裂隙运动并与周边的岩石发生热交换，产生高温高压超临界水或水汽混合物，然后从生产井中提取高温蒸汽，用于地热发电和综合利用。目前，世界上发达国家对利用干热岩发电的研究方兴未艾，美国、法国、德国、日本、意大利和英国等科技发达国家已基本掌握干热岩发电的原理和技术。随着相关技术的迅速发展，可以预见在不久的将来，干热岩的利用将成为能源利用中不可或缺的重要部分。

业内专家认为，要在全国推广地热能的开发利用，应该继续推进地热能资源调查评价工作；加大科研实力和技术创新；推进示范城市建设，带动地热能资源开发利用；有关部门还应该加大宣传力度，提高社会对地热能资源开发利用的认知程度；进一步加强资源的勘查评价及开发利用关键技术研究与科技攻关，为可持续利用提供科学的基础数据，提高利用效率，减少开发风险；明确地热能行业监督管理机构；进一步加强技术标准、规范建设，完善地热能能效和环境影响检测等工作。

3.2.5 微型水力发电技术

3.2.5.1 微型水力发电技术发展现状

近年来我国经济飞速增长的同时，能源消耗总量也大幅上升，煤、石油、天然气等常规型能源的消耗量逐年增加，甚至有些需要靠进口来满足国内需要。在此形势下，新型能源的发展就显得尤为重要。水力发电作为电力的一个门类，在新中国成立 60 多年来有了长足的发展，取得了骄人的成绩，并成为人们关注的要点之一。水力发电是一种可再生能源，而其中的微型水力发电由于其使用方便，经济效益良好，并且能够在一定程度上保护自然生态平衡而被人们熟知。

微型水利发电简称微水电，是指通过电力负荷周围微型水能资源进行发电，它在无需变电的条件下离网独立运行，并且是一种直接向使用者供电或同地方农网并网运行的水力发电系统。在我国，一般认定覆盖面积为单机容量 500kW 以下的水利发电系统为微水电，其中包括乡用型（30~500kW）、村用型（3~30kW）以及户用型（0.1~3kW）3 种。微水电同我国大中型水力发电有所不同，它的技术设备简单，耗水量较少，可直接利用微小的水能进行发电，是因地制宜型开发利用，最重要的是不会破坏自然生态平衡且对环境没有负面影响，符合我国可持续发展及清洁能源战略性的要求。因此，微型水力发电在我国偏远地区以及水资源较为丰富的地区利用较为广泛。

首先，水能资源在我国被大规模利用，微水能源的分布也极为广泛，包括可满足机组所需流量的小河、小溪、泉水、瀑布、湖泊、潮汐等水源。我国微、小水能的蕴藏量极为丰富，分布于全国大多数地区。有数据显示，仅 0.1~100kW 的微水电蕴藏量有 8 000 万 kW 左右。到 2014 年，我国农村的微型水电站共有 48 564 座，农村水电发电量达到 2 566 亿 kW · h，约占全国水电总发电量的 42%。其次，微水电的开发潜力十分巨大。除风能、太阳能、潮汐能等能源外，水能是分布较为广泛的一种可再生能源。我国水能资源十分丰富，无论在蕴藏量方面还是可开发利用的水能资源，在世界上均处于领先地位，但水能的开发率远落后于其他国家。因此，我国目前采取措施，加大力度扶持相关技术来促进可再生能源的利用与发展，优先考虑技术成熟、经济性能好、开发清洁的水能资源。再者，由于我国地形及气候等因素，微水能资源无论在不同地区还是在不同流域的分布都很不均匀。我国水能资源最大的特点就是河道陡峭，上下落差巨大，长江、雅鲁藏布江、黄河等大河流均发源于青藏高原，其天然落差均达 5 000m 左右，这些特点均是国外许多国家所不具备的。只有充分了解我国微水电及水能资源的特点，才能更合理地利用微、小水力进行发电，并且将微水电应用于更多领域。

3.2.5.2 微型水力发电发展面临的问题和挑战

我国在微型水力发电方面虽小有成就，但仍然存在诸多问题。我国是农业大国，目前"三农"问题受到广泛关注。解决"三农"问题的重中之重就是农村水能资源问题。对于农村地区的可持续发展战略，微水电供电占主导地位。目前我国缺少对于农村可再生资源的开发与利用。品质良好的可再生能源存在一定的弊端，例如在自然条件制约的情况下资源较少，间歇性及随机性较强。此外，我国还存在众多偏远地区，电网虽已覆盖到这些地区，但是由于其位于电网的末端，已经远超出经济输电的范围，导致输电成本高，从而造成电价高。因此，这些偏远地区只将电用于生活照明等简单用电的地方，极少使用大功率电器，极大限制了农村经济建设的发展。同时微型水电缺少相关的规划设计与标准，并且与大中型项目相比，在管理部门、企业、用户的关注度及评价标准上都不相同。为反映水电开发利用的特点，体现微型水电对生态环境、社会发展的作用，根据实际发展情况，微型的发电技术建立了微型水电项目的可行性评价标准，包括目标层、准则层、指标层及指标因子层。为指出体系的合理性及完整性，正确反映微型水电工程技术的发展状况，需要对该体系从多角度进行评价，以此支撑微型水能资源开发利用的相应决策。总而言之，我国微型水力发电事业所面临的根本问题就是大多数人没有意识到发展水电的必要性和紧迫性，仅考虑微型水力发电的可行性，而并未认识其本质的建设过程和作用结果，从而给微型水力发电造成很多客观的阻力。因此，应加大力度宣传微型水力建设的重大意义，改变人们对该项新型技术的观念，从本质上清除各种发展障碍。

3.2.5.3 微型水力发电的创新及发展

我国 3/4 以上的水能资源分布在西部地区，但开发率仅为 8%。如云南省全国水电可开发装机容量居全国第 2 位，是我国西部最具水电开发潜力的省份。但是其工业基础相对落后，水电资源主要处于交通不便的崇山峻岭之中，有较大的开发难度。为此我国实施西部大开发战略，西电东输工程可以激活西部丰富的水力资源，以此满足经济发展所需电力，优化能源结构，促进我国水电事业发展。微型水力发电与大水电相比，有不污染大气、使用可再生能源、成本低廉等优点，且资源较为分散，对生态环境消极影响小，技术成熟，所需投资少，容易修建，更加适合于农村和山区的水电建设。小水电建设多数采用当地材料，吸收当地劳动力，从而降低建设费用，并且其设备易于实现标准化，能够降低造价，缩短工期，不需要复杂昂贵的技术，有利于我国经济不发达的农村及山区实现电气。目前我国微型水力发电建设已经取得了巨大的成绩。

微型水电软件的设计旨在微型水电标准化、人性化，对微型水电规划设计中的专业技术较强的项目进行可行性评价。用户在复杂软件程序的安装上只需简单地依据数据选择参数再应用即可，通过简单的操作就能够有效实现产品的设计及维护。这一管理系统的运用给微型水电开发利用及运行管理带来极大的便利，并且支撑微型水电规划及信息管理方面的决策。同时高职院校通过产学研一体化，将科学研究与企业相结合，使科研成果及时转换，缩短推广及技术转移的周期。目前，合作单位已经开始加工生产用户组装式的微型水力发电系统及微型水轮发电机组合及控制器一体机。该科研成果不仅在国内推广使用，同时还出口到国际市场。

除此之外，未来微型水力发电的发展在大力开展技术创新的同时，也应注重同其他可再生资源的互补发展，提高系统的供电性能，提高可再生资源的利用效率。首先，利用可再生能源之间的优势互补，联合多种可再生能源来提高供电的可靠性。例如，风力水力互补发电在加拿大、美国等发达国家已经付诸于实践，在希腊等国也逐渐开始推广，同时在非洲一些较为偏远的农村也有相关报道。我国可再生能源的联合开发存在很大的发展空间。以北方为例，太阳能、风能、水能 3 种可再生能源存在着天然互补性：春秋季为枯水期，水资源匮乏，而日照及风力较强；夏季风能较弱，但水能属丰水期，且日照充足；冬季虽为枯水期，日照相对较弱，但风力很强。与北方类似，我国大部分地区都存在一定程度上的互

"一带一路"沿线国家农村能源技术评估

补能源来满足农村用能的需要。井天军等（2008）论证在农村实行太阳能、风能、水能互补发电的必要性，并且根据国内外现有的理论基础论证其可行性。由此可见，可再生能源的互补开发及利用有很大发展前景。其次，为实现可再生能源的优势互补，可采用抽水蓄能的方式。电能不像一般能源一样可以储存，必须经历发电—输电—用电一系列同一时间完成的过程。用电高峰电压供应不足、用电低谷多余电量无处储存问题一直存在。

近年来，人们研究出一种最为经济可行的蓄能方式——抽水蓄能。其工作机理是：利用水能转化率高的优点，在用电较少时利用火电或者核电剩余的能量将水抽到高处，以水的势能形式储存，待用电高峰时将水从高处放出，进行发电。抽水蓄能可同时解决用电高峰及低谷时存在的问题，将能源的供需时间调整一致。众多发达国家将这一技术发挥到顶峰，将之前的水电站建设成为抽水蓄能电站。德国、日本等科技发达国家抽水蓄能电站的应用要远大于一般的水电站。同这些国家相比，我国抽水蓄能技术应用较为落后。对微型水电站来说，利用其他可再生能源余下的能量进行抽水蓄能是实现可再生能源优势互补的有效工程之一。夜间是用电低谷期，可以利用风能进行抽水蓄能。相比于传统的以煤作为主要燃料的火力发电来说，微型可再生能源抽水蓄能电站既创造更大的经济效益，又节省人力财力，更重要的是保护生态环境，减少有害物质进入空气中。

3.2.6　农村其他节能技术

3.2.6.1　农村省柴节煤炉、灶、炕技术

农村省柴节煤炉、灶、炕技术是指针对农村广泛利用柴草、秸秆和煤炭进行直接燃烧的状况，利用燃烧学和热力学的原理，进行科学设计而建造或者制造出的适用于农村炊事、取暖等生活领域的炉、灶、炕等用能设备。它相对于农村传统的旧式炉、灶、炕而言，不仅改革了内部结构，提高了效率，减少了排放，而且卫生、方便、安全。农村省柴节煤炉、灶、炕技术包括省柴灶、节煤炉、节能炕等各项技术。

（1）农村省柴节煤灶技术。省柴灶的基本结构包括灶体、灶门、灶膛、进风道、灶箅、烟囱等。与旧式柴灶相比，省柴灶优化了炉膛、锅壁与灶膛之间相对距离与吊火高度、烟道和通风等的设计，并增设保温措施和余热利用装置，达到节能的3个条件：一是能将燃料充分燃烧；二是传热保温，使有效利用的热值较大，散热较小；三是余热能较好利用，尽可能减少排烟余热和其他热损失。省柴灶的特点是省燃料、省时间，使用方便，安全卫生。

（2）炊事采暖节煤炉技术。节煤炉技术是利用热力学和燃烧学原理，对煤炉的燃烧室、进风口、炉箅等内部结构进行合理改造，添加保温材料和余热利用装

96

置等，使煤炉的热效率大大提高。其特点是坚固耐用，寿命长，效率稳定，可拆装移动以及美观实用。节煤炉的规格型号很多，各部件的造型、规格、材质不完全相同，但炉体结构基本类似，具体由炉壳、炉胆、隔热填充材料、炉面板、炉条、风腔和炉门等组成，有的还设置了二次风，炉口增设了围火圈、聚热板、炉条、保温垫、抽风烟囱等。

3.2.6.2 耕作制度节能减排技术

（1）免耕覆盖技术。免耕覆盖技术是指作物播前不用犁、耙整理土地，直接在茬地上播种，播后作物生育期间不使用农具进行土壤管理的耕作方法。免耕覆盖技术是将免耕、秸秆还田及机播、机收等技术综合在一起形成的配套技术体系，是一项节本高效、综合效果佳、农民易于接受的农业可持续发展新技术。与传统耕种方式相比，免耕覆盖技术具有省工、省时、节本降耗等特点，由于减少土壤耕作次数和促进秸秆还田，对减轻农田水土侵蚀、控制秸秆焚烧污染及提高土壤肥力也有明显效果。免耕覆盖技术不仅是国际可持续农业技术发展的重要趋势，而且日趋成为我国现代农业发展的主体技术之一。

免耕覆盖技术通过减少耕作，增加地表覆盖度，实现土壤的"少动土""少裸露"，达到"适度松紧""适度湿润"和"适度粗糙"等土壤状态，对于改善土壤环境具有多种独特的生态经济作用，从而实现保土、培肥、节能和增产的目的。

（2）现代间套复种节能技术。现代间套复种节能技术是指利用不同作物之间在养分吸收、生育期等生长发育特征上的差异带来的异质互补性，通过充分利用光、温、水、气等自然资源，达到增产增效、节约人工辅助能投入的种植方法。目前国内外有关间套复种节能技术主要是利用豆科作物的固氮，禾本科与豆科作物间套作产生的解磷、解钾、解铁根系分泌物互作共益，以及通过不同类型动物和作物同田共生，减少饲料投喂量和化肥农药施用量等。现代间套复种节能技术是传统间混套作在现代农业条件下的新拓展。与传统间混套作相比，现代间套复种技术在注重稳产的同时，更显现出其高产、增产、增效、节能的优势，已经成为现代持续高产、高效、节能农业的重要组成部分。

（3）设施农作节能技术。设施农作节能技术是指在冬春季节温室大棚中利用可再生农作物残体与副产品，以及利用人工保温材料等，达到保温、增温、增产增收、节省能源投入的节能技术。目前我国应用的设施农作节能技术主要有以下几种。

① 秸秆生物反应堆技术。秸秆生物反应堆技术是在棚内或棚外利用农作物秸秆、麦麸等农副产品与菌种联合发酵，通过打孔释放二氧化碳、热量的新技术。该技术不仅为棚菜提供高浓度二氧化碳、热量，使大棚的温度提高 4~6℃，而且

能够使棚菜产量提高 50% 左右，改善蔬菜品质，上市期提早 10~15d。

② 日光温室冬春保温技术。一是聚苯板新型材料节能技术。利用聚苯板等新型材料构建异质复合墙体，具有较好的经济性能和热力性能，能有效阻止水或气通过，在日光温室建设和改造中得到应用。该技术建造工艺不复杂，材料容易取得，经久耐用，适合规模较大的种植设施。二是纸被加草苫节能技术。把简易保温被放到草苫或蒲席下面，采用电动卷铺方式，不仅能达到降低劳动强度、保护薄膜、延长采光时间等保温效果，且能大大提高其保温性。经测试，采用保温被加蒲席比只采用蒲席可使日光温室夜温提高 3℃ 以上。简易保温被具有保温被所具有的主要优点，用它来替代纸被克服了纸被的所有缺点，且价格低廉、结实耐用、使用寿命长、经济实惠。

3.2.6.3 渔船节能技术

渔船在船型、设备、管理及作业方式等各个方面都有其自身的特点，并非所有的船舶节能技术都适用于渔船。有一些船舶节能技术即使适用于渔船，也由于投入大、见效慢等原因，渔民不能自觉接受，造成推广使用困难。因此，有必要针对渔船的特点，研究节能减排的方法和技术，分析实施的可行性，促进渔船节能减排工作的顺利开展，不断提高渔船节能减排的技术水平。渔船的节能技术和方法主要有以下几种方式。

（1）提高渔船动力系统的效率。

① 选用节能型柴油机。柴油机是渔船直接消耗能源的主要设备，研究船舶节能技术，应该首先考虑柴油机节能技术。前些年，国内渔船一般采用非增压的中高速柴油机，其油耗一般在 225g/kW·h 以上。而近几年新开发的增压中冷型高速柴油机油耗降低到 205g/kW·h。如 1 艘 200kW 的渔船每年生产 8 个月，每月生产 20d，每天工作 12h，采用低油耗的柴油机每年节省燃油近 8t，节油率达到 9.7%。若全国所有渔船都能使用节能型柴油机，则每年节约燃油将达 70 万 t。由此可见，广泛使用节能型主机其节能效果是十分可观的。

② 螺旋桨作适当横偏移。由于渔船主尺度较小，螺旋桨沉深不足，在推进时会吸入空气，使得桨上部来流平均密度下降，产生沉深横向力。因此，在操作时，对右旋桨，正车时沉深横向力向右舷，倒车时指向左舷，左旋桨的操作相反。制约这一横向力的方法是：通过把螺旋桨的轴线从船体中心线向船侧横偏移（右旋转螺旋桨向右船舷侧，左旋转螺旋桨向左船舷侧横偏移），使得螺旋桨处于船艉不对称位置所产生的力与横向力相抵消，避免直线航行时通过压舵的方法保证船舶航向，从而减少阻力，达到节能目的。

③ 选择合理的螺旋桨。采用大直径低转速螺旋桨，可以减少螺旋桨的空泡，

提高推进效率。例如，采用新型的 Kappel 螺旋桨、CLT 螺旋桨、GPT 螺旋桨、正反转螺旋桨，可进一步提高推进效率。对于小型渔业船舶可采用导管桨，由于导管桨可减少桨处尾流的扩散并直接增加推力，因而有利于节能。此外，还可以减少螺旋桨被异物缠绕的概率。改装时，仅需在桨外增加一个导流罩，投资较小。但该方法对于沿海没有渔港，需经常搁滩的渔船不适用。

（2）减小渔船航行阻力。减少渔船阻力方面的节能技术主要包括采用轻型船体材料、合理选择船舶主尺度、船型系数和线型等。第一，考虑采用轻型船体材料，如用纤维增强塑料（玻璃钢）建造渔船具有航速快、阻力小、隔热性好等节能特点。第二，要合理选择尺度、船型系数和线型。根据设计任务书，寻求最佳经济效果的主尺度，合理选择船型系数和线型。如采用球鼻艏、不对称尾部型线等，有利于减少阻力。目前，我国建造的小型钢质渔船也开始采用球鼻艏，这种技术渔民比较容易接受，但还需要进一步加大宣传和推广的力度。

3.2.6.4 农村污水处理技术

考虑到农村污水本身具有的特点，结合农村地区的地理环境，当附近有可利用的农田、可进行污水灌溉和污泥用作农肥等便利条件时，在污水处理工艺的选择上将污水处理与利用相结合，与保护和改善当地的生态环境和水环境相结合，实现农村区域性的生态环境和水资源的良性循环。

（1）人工湿地。人工湿地是一种由人工建造和监督控制的、与沼泽地类似的地面。它利用自然生态系统中的物理、化学和生物的三重协同作用，通过过滤、吸附、共沉、离子交换、植物吸收和微生物分解来实现对污水的高效净化。人工湿地处理污水是充分利用"土壤—植物—微生物"系统的净化能力，既可去除有机污染物，又可去除造成水体富营养化的氮、磷等污染物。

人工湿地污水处理技术应用范围很广，一般均优于常规二级处理效果。另外，人工湿地适用范围广，依据其特性，非常适用于没有完善污水管网系统的地区和乡镇。但该技术易受气候条件影响，南北差异较大，北方大部分地区冬季气温较低，难以维持生态系统的正常运行或保证污水处理效果。因此在采用该技术时，要选取合适的植物，并要充分考虑植物过冬问题。

（2）人工快渗技术工艺。人工快渗系统是在快渗池内填充一定级配的人工改性滤料，滤料表面生长丰富的生物膜。当污水自上而下流经滤料层时，发生综合的物理、化学、生物反应,使污染物得以最终去除。该技术具有建设和运营成本低、污染物去除效率高、不产生活性污泥、操作运行简便、建设周期短等优点。

（3）稳定塘。稳定塘是一种利用天然净化能力的生物处理构筑物的总称，有机物主要通过微生物降解、有机物吸附、有机颗粒的沉降和截滤作用去除。稳定塘在太湖流域农村地区应用比较广泛，尤其是高效藻类塘式稳定塘技术。高效藻类塘是美国加州大学伯克利分校的 Oswald 等在 20 世纪 50 年代末提出并发展的，它是在传统稳定塘的基础上发展起来的一种改进形式，强化利用藻类的增殖来产生有利于微生物生长和繁殖的环境，形成更紧密的"藻—菌"共生系统，同时创造一定的物化条件，达到对有机碳、病原体，尤其是氮和磷等污染物的有效去除，适合于农村面源污染控制。

（4）生物滤池。生物滤池是生物膜法处理污水的传统工艺，早在 19 世纪末就已发展起来。它是以土壤自净原理为依据，在污水灌溉的实践基础上，经比较原始的间歇沙滤池和接触滤池而发展起来的人工生物处理技术。污水长时间以滴状喷洒在块状滤料层的表面上，在污水流经的表面上就会形成生物膜，待生物膜成熟后，栖息在生物膜上的微生物，即摄取流经污水中的有机物作为营养，从而使污水得到净化。

3.3 中国农村清洁能源发展模式

3.3.1 农村清洁能源发展模式的分类

能源的生产消费过程主要包括能量的生产、供应、消费和废弃物处理 4 个环节。清洁能源要求在能量传递过程所涉及的 3 个环节都要尽可能少污染或无污染、并对废弃物进行回收或者清洁处理。不同的能源发展模式对这 4 个环节的侧重点有所不同。从这个角度来归纳，我国农村地区的清洁能源发展模式主要可以分为 3 种：分散模式、集中模式和循环模式。

3.3.1.1 自给自足的分散模式

分散式的发展模式是我国农村地区普遍采用的传统的能源发展方式。相对城市而言，多数农村地区经济基础比较薄弱，人口居住分散，基础设施落后，公共事业缺失，资源相对贫乏。农村居民往往居住在平房小院，有专门的柴房用来存放柴草，或者可以将薪柴、秸秆直接堆放在房前屋后。日常炊事用的秸秆、薪柴占居农村居民生活用能的主要部分。这种传统的分散式用能模式符合农村的生活习惯，成本也相对较低。

采用分散形式发展的清洁能源主要以太阳能、沼气、秸秆气化为主。农村地区在安放太阳能灶或太阳能热水器、建造小型户用沼气池方面有先天的便利条件。如果在城市楼房安装太阳能热水器，要么只能安放在整栋楼的楼顶，要么是安放在专门为太阳能热水器设计的阳台上，安装过程比较复杂，施工成本也相对较高，而且随便安装太阳能设施可能受到物业管理部门的限制。

在农村，太阳能热水器直接可以放置在平房的屋脊上，安装过程比较简便，费用也较低，安装过程一般也不会受到邻居或其他利益相关方的干涉。户用沼气池在城市居住环境下基本上是无法实现的，而农村的沼气池一般是每户建造一个，一般容积为 8~10m³ 大小，可供一户炊事、照明使用。分散式户用沼气池往往会结合农户自家的养殖生产条件建成微循环的形式：农作物秸秆、畜禽粪便等作为生产沼气的原料，将生成的沼气用来做饭照明，提供生活用能，而沼液、沼渣可用于田间施肥或者喂猪、喂鱼、饲养家禽等。

分散式能源发展的最大特点是，农户单独安置产能设备，例如太阳能热水器、秸秆汽化炉、沼气池。产能设备重在维护，减缓设备老化，防止事故发生而造成二次污染。如何防治二次污染是清洁能源分散式发展模式中的难点。例如，秸秆气化是一种清洁能源，秸秆气化的分散式发展的核心环节是汽化炉，汽化炉的技术、性能表现和价格水平直接影响秸秆气化作为清洁能源的分散式发展模式的成败。秸秆气化过程中产生的煤灰和焦油的处理，是分散式遇到的最大问题。沼气池的沼液和废水的处理在一定程度上对农村环境也会造成二次污染。薪柴、秸秆的堆放往往条件简陋，甚至露天堆放，这种情况会造成能源浪费。分散式能源发展对农民的技术要求也很高，无法自行维修，存在潜在危险。

随着新农村建设的开展，全国各地许多地方已经开始进行村庄改社区，集中居住，居住条件由过去的平房搬迁至楼房，造成传统的分散式能源发展模式受到挑战，分散式能源模式只能适合于过渡阶段。

3.3.1.2 可规模化生产的集中模式

集中式发展模式是指产能中心与用户之间通过传输网络连接起来，能源生产与消费在空间上相分离。这种模式中生产与供应环节相对独立，其中生产环节通常采用现代化大工厂的组织方式实现能源的集中生产，获得能源生产的规模效益和管理优势。清洁能源用户不需要考虑能源的产生和维护。集中式能源发展模式，可以实现能源的生产、服务的规模经济。比如通过大型养殖场实现沼气集中供气模式，新农村社区的中心村可以运营大规模集中式秸秆气化站等。

农村清洁能源的集中化表现在对能源的现代大工业化生产方式的利用上，即集中化、技术化和装备化。集中化就是将农村清洁能源集中到一起，集中处理、加工、转换、传输和使用；技术化就是农村清洁能源利用不再是顺手用材、靠天吃饭，而是借助一定的物理、化学和生物技术，实现可清洁能源的有效转化和贮存；装备化就是农村清洁能源的转化、贮存、传输和使用往往需要一定装备和工具。农村清洁能源集中化、技术化和装备化需要新型农民和新型农村的生产生活方式。

这一模式运行过程中的难点是产能调控。受农村清洁能源原材料来源限制，在原料旺季，如农作物收割季节，原料容易保证，但在枯草季节，由于原材料存储问题，在一定程度上会导致原料不足，产能下降，在用能高峰会出现无法用能的问题。集中式发展模式，实现多种能源配套较为困难。在分散式情况下，能源的调配是各家各户自发进行的。集中模式中能量输送网络建设本较高，一旦发展起来，会造成单一能源的过度依赖。

3.3.1.3 生态经济结合的循环模式

当前在农村适宜采用循环式发展模式的清洁能源主要是沼气和秸秆气化，这两种清洁能源本质上都属于生物质能，可以采用循环式发展模式的重要原因在于原料本身的自然属性。生物质能的本质是太阳能通过光合作用在植物内的蓄存，生物质能的产能过程需要一系列物理和化学的变化，最后实现能量和残余物质的分离。在这一过程中的残余物质，如产生沼气后的沼液、沼渣和秸秆气化后的灰烬等都是可以通过循环途径重新进入生物质生产链，作为饲料或者肥料参与到生物质重新固化太阳能的生物化学过程。

生物质能的循环发展模式，涉及能源的生产、供应和消费全链条。该模式的能源生产端既可以采用分散式又可以采用集中式。与庭院经济相配套的户用沼气池的推广应用可以看作是分散模式与循环模式结合的典型，是目前农村生物质能利用最成功的模式，这是一种最小的农村自给自足的循环利用模式，适合于目前农村仍然是以个体农户经营为主、种植养殖都有的农作方式。但是相对而言，集中式比分散式在废料收集方面有更大优势，规模化的循环模式都是与集中模式配套的，实现循环经济。例如，有"中国第一生态村"之称的北京大兴区长子营镇留民营村，以沼气为中心，发展农业循环经济，用种植业提供饲料发展养殖业，禽畜粪便为生产沼气提供原料。

3.3.2 农村清洁能源发展模式规划案例

清洁能源发展的3种主要模式各有优缺点，不同的能源发展模式适应性受到地域特征、用能环境、配套设施和能源性质等因素影响。同一种能源在不同的地域、不同的发展阶段可能会采用不同的发展模式，而在一个农村社区，也可以采用不同的发展模式相互协调配置，具体采用什么样的发展模式取决于当地经济发展水平、消费能力、居住环境、生活习惯以及基础设施配套情况等多种因素的共同作用。

3.3.2.1 新型城镇化进程中农村清洁用能模式发展规划

以河北省张家口市下三道河村农村清洁用能发展规划为例。河北省地处京津冀经济圈，经济社会发展水平高，随着京津冀大气污染治理工作的深入开展，农村用能节能减排与环境整治任务日益加重。河北省日照充足、秸秆资源丰富，太阳辐射总量在 5 000MJ/m² 以上，秸秆量达 2 亿 t。

针对新型城镇化进程中的农村清洁用能需求，该村清洁能源建设以太阳能和生物质能相结合为主，依托附近的蔬菜生产基地和大型养殖场，通过补贴启动资金形式，引入社会企业，共同建立大中型沼气工程及沼渣沼液高效利用配套技术，辅以太阳能小型发电站工程，从而充分利用区域资源，实现新型农村社区清洁用能，减少温室气体排放，同时，建立生物质—太阳能—沼气—沼肥的循环农业生产模式，减少农业面源污染，缓解区域环境压力，促进农村低碳社区建设整体水平的提高。

3.3.2.2 传统农村用能转型模式发展规划

以辽宁省社甲村农村清洁用能发展规划为例。辽宁省地处中纬度南半部，日照丰富，四季分明，是中国重要的产粮和畜牧大省，养殖与种植业发达，全省秸秆产量近 2 000 万 t/ 年，畜禽粪便量 1.48 亿 t/ 年，生物质资源十分丰富，但大量生物质资源弃之不用，或被直接燃烧，对环境产生严重的危害。

针对传统农村用能转型的农村清洁用能需求，根据当地村庄用能特点和资源禀赋，该村农村清洁能源建设以生物质综合利用为主，以大量消耗生物质资源为目标，建设以节能灶炕、生物质固化成型燃料厂为主，辅以太阳能热水器、太阳能路灯，实现多能互补的循环低碳农业生产生活模式。

3.3.2.3 资源禀赋型的农村清洁用能模式发展规划

以甘肃红堡子村农村清洁用能发展规划为例。甘肃省地处我国西北，全省气候干燥，太阳辐射强，辐射总量达 4 800~6 400MJ/m²，同时甘肃为我国次大风能资源区，风能密度为 200~300W/m²，有效风力出现时间百分率为 70% 左右，以太阳能和风能为主的自然资源禀赋具有明显优势。

针对资源禀赋型农村清洁用能需求，规划建设以太阳能和风能结合利用为主。在当地已有的大型沼气集中供气工程等农村能源设施基础上，配套太阳能热水器、太阳能路灯、小型风力发电设施等农村能源产品，充分发挥原有技术和资源禀赋，从而提升农村能源利用水平，促进生态循环农业发展。

4 "一带一路"沿线其他国家农村能源发展现状

  全球清洁能源投资由 2004 年的 540 亿美元增长到 2012 年的 2 890 亿美元，如图 4-1 所示，其中可再生能源吸引投资额从 2004 年的 400 亿美元增长到 2012 年的 2 440 亿美元（彩插图 4-1）。2015 年风能装机容量 6.4 万 MG，太阳能 5.7 万 MG，同比增长 30%。

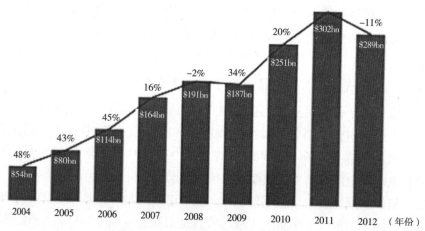

图 4-1   全球在清洁能源方面的投资

  在清洁能源和可再生能源迅速发展的大背景下，"一带一路"沿线国家的能源供给、需求和能源结构都发生了相似的变化，虽然变化的程度有所不同。

  "一带一路"贯穿欧亚大陆，东接亚太经济圈，西面与欧洲经济圈相交，沿线涉及俄罗斯、马来西亚、印度、罗马尼亚等众多个国家（彩插图 4-2）。他们在发展国民经济、改善农村用能，应对能源危机等诸多方面同我国有着共同利益。因此，本章按照地域、人文和气候等条件，在常规地域划分的基础上，将"一带一路"沿线国家划分为中亚、东南亚、南亚、西亚、东非和欧洲，并以其中的几个国家为例介绍其农村能源的利用现状，为"一带一路"国家的能源发展、能源技术交流和规划等提供一定的信息支持。

4.1 东南亚国家农村能源发展现状

东南亚国家在经济发展过程中面临电力不足的问题。对此，各国政府针对电力与能源问题，积极采取政策倾斜、资金投入/补助等方式推动新能源产业的发展。

4.1.1 柬埔寨农村能源发展现状

截至 2015 年年底，柬埔寨供电能 1 986MW，比 2014 年的 1 986MW 增加了 44%。同期电力用户已达 176 万家，年发电量增长 25%，2014 年的 47.13 亿 kW·h，增至 59.90 亿 kW·h。柬埔寨政府出台以煤气为原料，在沿海建设煤气发电厂基地，政府积极吸引外资，加快大中型水电站建设等四大政策来发展国家电力，达到以电减贫，发展经济的目的。为缓解中小型城镇电力供应紧张，政府继续鼓励中小型柴油发电，解决农村偏远地区用电问题。同时，政府积极发展再生能源，减少对进口化石能源的依赖。

在 2003 年柬埔寨政府出台的《可再生能源行动计划》中确定 4 个主要目标：① 利用可再生能源技术建设可提供 5% 发电量的 6MW 的电站；② 利用可再生能源为 10 万户居民提供用电；③ 利用太阳能发电为 1 万户居民提供用电；④ 建立可再生能源体系可持续发展市场。柬埔寨可利用的生物质资源主要包括稻壳、甘蔗渣等农业剩余物、林业生产剩余物和畜禽粪便等，采用中国技术模式和印度技术模式生产沼气。2009 年中旬，已经在 8 个省建设了 5 126 个户用沼气池。2008 年该国的畜禽粪便量达到了 1.7 亿 t，可生产沼气 112 万 m³；柬埔寨可用于种植能源作物的土地面积为 207 万 hm²，主要油料作物为油棕和麻疯树，其中油棕种植面积为 4 000hm²，年产种子 60 000t；麻疯树年产量为 68 000t，可产生油 17 000t。

4.1.2 菲律宾农村能源发展现状

凭借得天独厚的水力和地热资源，菲律宾能源自给率达到 66.8%，可再生能源占总能源生产的 53%。菲律宾电力供应方面，每年的电力需求以 4.6% 的比例增长，电能仍以煤发电（37%）和天然气发电（30%）为主。菲律宾的终端用户的关税是亚洲国家最高的，电价仅次于日本。菲律宾的电气化发展不平衡，仍有一些偏远、贫困人口过着没电的生活。对此，该国为发展生物能源采取了一系列措施。在 2005 年的税制改革中推出"零税率"政策，免去生物能、风能和太阳能等可再生能源产品 12% 的销售增值税。2007 年，《生物燃料法案》要求菲律宾市场上的柴油产品必须掺入 1% 的生物柴油，所有的汽油产品必须掺入 5% 的生物乙醇。2009 年 2 月实施的《菲律宾生物能源法》,将柴油中生物柴油添加量提高到 2%。菲律宾 43% 的土地用于农业生产,具有丰富的秸秆资源和农产品加工剩余物,稻秸、玉米秆、稻壳、玉米芯、椰子剩余物和甘蔗废弃物等产量达到 5 400 万 t;同时政府还支持利用生物质能等可再生能源进行发电,2009 年 5 月出台《可再生能源法》细则,规定可再生能源公司可以享有 7 年的所得税免税期,目前该国的可再生能源发电装机能力为 450 万 kW。

4.1.3　泰国农村能源发展现状

泰国 2011 年的装机容量约为 32.4GW,主要产自天然气、煤和可再生资源。为满足持续增长的电力需求,泰国政府计划于 2030 年将发电量提升至 70GW,新增电力将主要来源于可再生能源及天然气发电厂。在泰国能源消费构成中,汽油和相关液体燃料占比最高(2012 年超过 38%),紧接着是天然气(占比 33%)。生物质和固体废物约占 16%,煤炭约占 13%,包括水电在内的其他可再生能源约占 2%。

泰国虽然是石油和天然气生产国,但为满足日益增长的消费需求,该国能源消费仍大量依赖进口。受制于本国石油存储量及供给能力,石油对外依存度较大。从 2000 年开始,泰国开始进口天然气。2011 年,泰国国内的天然气产量约为 1.3 万亿立方英尺(1 立方英尺 =0.028 316 8m³。下同),消费量约 1.64 万亿立方英尺,需从国外进口天然气 0.34 万亿立方英尺。据泰国能源部预计,如无新增储量,按目前的生产水平,泰国的天然气产量会在 2017 年达到峰值,随后下降,直到 2030 年,天然气将开发耗尽。为此,泰国能源部门努力降低天然气在能源结构,尤其是电力结构中的比例,并获得一定的成效。2000 年电力供应中,天然气发电所占比率高达约 80%。2010 年这一比例还高达 76%。2011 年下降到 71%。还有一项最重要的措施,则是大力发展生物质能。泰国生物质资源主要为农业和木材加工剩余物,年产量达到 1.17 亿 t,相当于 1 017.3 万 t 石油当量。泰国沼气技术主要用于处理养殖场畜禽粪便和食品加工等企业废水。1995—2004 年,泰国 ENCON 基金会共提供 9.61 亿泰铢补助养猪场建设沼气工程,总产气能力为 32.6 万 m³。工业废水产沼气潜力为 440Mm³,目前已经建设 10 个装机能力为 10.38MW 的沼气发电站,上网电量为 6.79MW。在泰国,最重要的生物质燃料是乙醇和生物柴油。从 1977 年开始,泰国就开始使用燃料乙醇。泰国木薯年产量为 1 800 万 t,每年用于生产燃料乙醇的量仅为 200 万 t,年产燃料乙醇 100 万 L。生物柴油主要原料为油棕和椰子油。泰国是世界上第三大棕榈油生产国,生产能力为 50 万 L/d,泰国限制生物柴油的出口。自 2008 年出台可再生能源发展战略之后,泰国新能源有所发展,重点是大力发展太阳能。政府甚至提议支援在泰国安装 10 万个家用光伏系统及 1 000 个商业屋顶系统，预计装机总量将达 800MW。Symbior Energy 的子公司 Symbior Solar Siam 计划 2014 年在泰国农村 40 个网站安装 190MW 的光伏项目，费尼克斯太阳能将在泰国建 72MW 光伏电站，法国布依格集团拟在泰国开发 30MW 光伏电站和若干 10MW 以下的中小规模项目。泰国未来 20 年的长期电力发展规划，原来拟建设 4 座核电站的规划因众多的反对意见也缩减至 2 座，并延迟了核能电站建设。

4.1.4 印度尼西亚农村能源发展现状

印度尼西亚有 13 000 多个岛屿和 2.4 亿人口，大部分人口在农村，因经济发展不平衡，该国的贫困人口也大部分在农村。印度尼西亚能源需求的 50% 都是由化石燃料来提供，能源需求大于供给，目前能用上电的人口较少。为解决能源供需矛盾，印度尼西亚政府在大力发展太阳能的同时倡导发展生物质能。目前，在政府的政策支持下，印度尼西亚的沼气已具一定的规模和水平，其生物质资源主要为稻壳和棕榈渣，2008 年的产量分别达到了 1 200 万 t 和 1 900 万 t，同时已经在 29 个省建设了 1 048 个沼气工程和 1 745 个户用沼气池。2007 年，印度尼西亚投产 19 家生物柴油厂，产能达到 175 万 t。

4.1.5 越南农村能源发展现状

近年来，越南电力发展迅速。2012 年总发电量为 2000 年的 4.3 倍，年均增长 12.9%，2013 年前 9 个月越南全国总电量为 922 亿 kW·h。2012 年越南年人均用电量是 2000 年的 3.8 倍，年均增长 11.7%。电力能源结构也发生明显变化。2012 年，越南天然气、水、煤炭和石油发电分别占总电量的 39.4%、38.8%、21.4% 和 0.4%。但是，越南电力发展仍存在不足，电量供应未能满足社会发展需求，每年仍需进口大量电力。

越南是东南亚太阳能、风能等清洁能源储量最为丰富的国家之一，冬天太阳辐射量在 3~4.5kW·h/（m²·d），夏天的辐射量在 4.5~6.5kW·h/（m²·d），阳光照射时间每年为 1 800~2 700h，相当于 4 390 万 t 原油／年，风能储量达 24GW/年。越南的太阳能、风能、生物燃料、沼气、煤层气和天然气水合物开发利用尚处在初级阶段。随着国家鼓励政策的出台，越南将迎来清洁能源发展新机遇。2004—2009 年，越南政府在东北部投资建设 100 个家庭太阳能发电系统、200 个住宅系统，在湄公河三角洲的前江省和茶荣省建立 400 个家用太阳能电池系统，但太阳能发电占总发电量的比例甚微。越南是传统的农业生产国，具有丰富的生物质资源，如林业生产剩余物、农业生产剩余物和畜禽粪便，2008 年产量为 4 900 万 t。越南已经在 20 个省份建设了 27 000 个沼气池。

4.1.6　老挝农村能源发展现状

老挝国土面积 23.68 万 km²，山地和高原占全国总面积的 80%。老挝具备一定的发展太阳能资源，其光照辐射强度在 3.6~5.5kW·h/m²，年日照时数在 1 800~2 000h。老挝全国有 20 多条流程 200km 以上的河流，其中最长的是纵贯老挝的湄公河，境内全长 1 877km，水资源丰富，水电资源理论蕴藏总量约为 3 000 万 kW。老挝政府高度重视本国水电资源开发和利用，大型水电站集中在老挝的南部和中部地区，北部地区水电站装机规模较小。2013 年老挝国家电力公司及下属的发电公司 EDL-GEN 共拥有水电站 12 座，发电量合计达 2 077.82GW·h。

据老挝国家电力公司的数据，从 2007 年开始，除 2011 年老挝电力消费量（7.7%）小于 15% 外，其他年份电力消费量的增长率一直保持在 15% 以上。截至 2014 年年底，老挝输电线路总长超过 4.7 万 km，发电站共计 50 个，全国供电覆盖率达 87%。在建农村输电线项目 48 个，总投资额 2 万亿基普。已有超过 1.2 万户家庭使用太阳能。根据老挝国家电力公司（EDL）规划，到 2020 年全国 98% 的居民用上电。

为实现 2020 年经济社会发展目标，老挝政府将加快中小水电站建设，开发生物能源、太阳能、风能等 7 种替代能源。老挝生物质资源主要是稻壳等农业生物质剩余物和能源作物，其中 2008 年稻壳和稻草产量为 330 万 t，甘蔗产量为 74.9 万 t。老挝政府对沼气池建设给予一定的补贴，并对相关官员和建筑工进行培训。从 2007 年 4 月开始发展沼气，2009 年达到 600 户。

4.1.7　缅甸农村能源发展现状

缅甸拥有 14 个地区 / 州 312 个城市，人口 6 000 万以上，仅有 26% 的人口可以正常使用到电力资源。目前的经济发展导致缅甸电力资源的供应不足变得日益严重。对此，缅甸政府把发展可再生能源提到了首位。缅甸 36% 的地域太阳能辐射每平方米 18~19kJ，太阳能存储能力有望持续增长，从 2013 年的 0.7MW 到 2016 年的 50MW。潜在可用风能由 2013 年的 120MW 将增加到 2021 年的 1 209MW。缅甸拥有无数的地热资源，在皎漂的克钦邦、掸邦、克耶邦及若干南部、缅甸中兴区域及 Shwebo-Monywa 盆地，特别是蒙邦及德林达依区域都发现热泉。目前在缅甸共有 6 种可提供生物能源的植物，每年提供 375 万加仑。另外，政府收集全国范围内的动物粪便来作为能源项目的原材料为农村提供电力。缅甸政府大力支持种植麻疯树用于生产生物柴油，2005 年制定了 320 万 hm² 的发展规划，目前已经种植 190 万 hm²。酒精产业在缅甸也得到一定的发展，木薯、甜高粱、甘薯等能源作物也有一定的种植面积，并且建有大型酒精—汽油混合燃料生产厂，年生产能力达到 195 万加仑，占 2004—2005 年度总进口油量的 1.7%。

4.1.8 马来西亚农村能源发展现状

马来西亚盛产石油和天然气，国土面积为 33 万 km^2，属于潮湿的热带雨林气候，降水多，海岸线长，河流众多。2011 年，其人口数为 2 830 万人，大多数住在马来西亚半岛上。2015 年的统计数据显示，该国的发电量和需电量在 2010—2014 年期间平均以每年 4% 的速度在增长。

预计 2030 年马来西亚的用电需求将超过 15 000GW，是 2010 年的 1.5 倍。当前，马来西亚的电能主要是通过以燃气结合循环装置的气轮发电机产生的，其次是蒸汽发电机。马来西亚政府在 2001 年启动了"小型可再生能源发电装置计划"，希望降低化石电能的比重。该计划的第一步是鼓励和加强发电装置使用可再生能源。可再生能源如太阳能、光伏、沼气、生物质、迷你水电及固体废物等都被用于生产电能。2011 年可再生能源贡献 1% 的发电量，到 2030 年，产电量可达到总发电量的 13%。由于马来西亚被中国南海围绕，赤道气候，每年降水 250cm，有很长的海岸线，所以水力资源丰富，据估该国的水电潜力为 29 000MW。近几年来，马来西亚能源消耗和能源供给情况及不同能源发电量的份额见彩插图 4-3、彩插图 4-4。

马来西亚一次能源供给主要来源于化石能源。自 2012 年起，马来西亚一直是东南亚第二大石油和天然气生产国（彩插图 4-5）。马来西亚拥有大量的太阳能资源，每年的光照强度为 1 400~1 900kW·h/m^2，光能约为每年 1 643 kW·h/m^2。马来西亚政府 2030 年可再生能源发电的装机容量力争达到 27 000MW，当前光伏发电占可再生能源发电累积供应量的 60%（彩插图 4-6）。为促进光伏发电的发展，截至 2010 年 4 月，马来西亚政府向太阳能灯绿色技术投资 1.57 亿马币。

4.2 南亚国家农村能源发展现状

4.2.1 印度农村能源发展现状

20 世纪 90 年代以来，印度经济改革不断拓展和深化，经济实现持续增长，现在印度已成为世界经济增长的主要亮点和主要的新兴市场之一。2003—2004 年至 2006—2007 年平均 GDP 增长率为 8.5%，能耗年均增长 2.76%。在印度能耗结构中，煤占 53%、石油占 33%、天然气占 8%、核电占 1%（彩插图 4-7）印度年产煤 4.44×10^8t，年耗煤 4.78×10^8t；原油日产 65×10^4bbl，日消费 263×10^4bbl；天然气年产 $281.87 \times 10^8m^3$，年消费 $308 \times 10^8m^3$。煤、石油、天然气均供不应求。为使经济增长速度到 2031 年保持在年均 8% 的水平，印度至少需要将一次能源供应能力提高到目前消费量的3~4倍，将电力供应能力提高到目前消耗量的5~7倍。

然而，印度油气资源储量有限，有关石油和天然气的杂志资料显示，截至2007年1月，印度探明的石油资源储备为56亿桶，在亚太地区仅次于中国，居第二位。但在世界石油储藏量中所占比例很小，只有0.5%；天然气储量有1.1万亿 m³，但也只占世界天然气总储量的0.6%。煤炭储量要丰富一些，有924亿 t，占世界总储量的10%。但是，印度人口约占世界总人口的17%，对印度油气资源储量和在世界人口中所占的比例及其高速增长的经济状况进行比较分析，印度属于油气资源短缺的国家。

2006年印度本国平均日生产石油84.6万桶，其中64.8万桶即77%是原油。国际能源机构估计，印度在2006年登记的石油需求量为每天10万桶，2007—2008年的石油需求量也将维持在这一水平。印度对进口能源的依赖率为18%，但对进口石油的依赖率高达68.9%，其中对来自中东进口石油的依赖率为67.4%，对天然气进口的依赖率为17%。到2031年，印度能源进口依赖程度将进一步提高，达到80%，其中煤的进口将达到143 800万t，是2001年煤消耗的4倍，进口依赖度为78%；石油进口将达到68 000万t，对外进口依赖度为93%；天然气进口将达到93亿m³，对外依赖率为67%。对外国石油和天然气的严重依赖，特别是严重依赖中东海湾国家的油气资源，不仅使印度耗费大量的外汇储备，而且为印度经济发展带来潜在威胁。伊拉克战争、阿富汗战争、印巴克什米尔争端导致地区严重不稳定，本国存在的恐怖主义威胁也有可能对印度进口海湾国家的石油和天然气造成危机。同时，近年来的国际油价持续上涨，且增长速度惊人。2002年国际油价仅为每桶20美元，而2007年7月31日，纽约市场轻质原油期货价格创下每桶78.21美元的历史最高收盘价，2005年和2006年也多次大幅度上涨。国际能源机构最新发表的报告预测，2007年全球石油日均需求量将达到8 600万桶，比2006年增加2%，而2006年比2005年仅增0.9%。2007年末，油价甚至飙升到100美元大关。未来若干年，由于世界经济增长仍将处于强劲势头，世界也将继续对能源保持旺盛的需求。因此，油价的持续上涨是必然趋势。高油价及经济高增长迫使严重依赖进口石油和天然气的印度选择发展生物能源战略。

印度可开发生物能源资源的条件比较成熟。根据印度土地资源局的统计资料，印度有6 390万hm²的荒地不适宜农作物生长。其中高原山地占19.4%，土地退化的林地占14.1%，其他还有冰川、贫瘠的荒地、内陆沙漠、海岸、沟壑地、沼泽、轮垦地、废弃的矿山地、退化的草地等。其中，退化的土地有1 700万hm²，适宜于种植含油丰富的非食用油料植物麻疯树。贫瘠的荒地、沙漠、沟壑地、退化的草地、废弃的矿山地也可以种植作为生物能源原材料的植物。特别是麻疯树植物，其生长环境具有多样性，既可以在农业区，也可以在干旱区生长，还具有抗病虫害能力强、含油丰富的特点。乙醇和生物柴油属于可再生能源，可以减轻印度对进口石油和天然气的依赖，增强印度能源安全。早在1977年，印度就成立了6个委员会和4个研究机构，研究和探讨乙醇混合燃料问题，但进展不是很大。2000年，石油和天然气部决定在几个主要产糖邦，如马哈拉施特拉邦、北方邦等，实施在汽油中混合乙醇的计划。2001年，在300个零售点销售乙醇混合汽油，乙醇混合汽油试验取得很大成功。2002年，石油天然气部将试验扩大到安德拉邦、旁遮普邦和北方邦的其他地区。同时，印度政府组织专家研究汽车使用乙醇混合汽油。2002年9月，政府决定从2003年1月1日开始在安得拉邦、果阿邦、古吉拉特邦、哈里亚纳邦、卡纳塔克邦、马哈拉施特拉邦、旁遮普邦、泰米尔纳杜邦、北方邦这9个邦，以及4个中央直辖区即昌迪加尔、达德拉—纳加尔哈维利、达曼—第乌、本地治理，推广实施5%的乙醇混合汽油计划。随后将把该计划推广到印度全国，且尽快将乙醇在混合汽油中的比例从5%提高到10%。按照5%的比例使用混合汽油，在以上9个邦和4个中央直辖区中，以2003年的消费情况，每年将消耗460万t混合汽油，每年所需乙醇为3.2亿~3.5亿L。到2012年，计划将乙醇在混合汽油中所占的比例提高到20%，为此需要将种植非食用油的植物种植面积扩大到40万hm^2。

2005年10月，石油和天然气部制定生物柴油采购政策。对于在荒地种植麻疯树的农民给予优惠贷款，贷款偿还期可以延长4年，与农民签订回收麻疯树果合同，推动立法机构将开发和使用生物能源纳入法制轨道，将生物柴油归入可再生能源，以便获得政府更多的政策支持和资金补贴。生物能源的原材料生产地域广泛，特别是在干旱或半干旱地区种植可提炼乙醇和生物柴油的植物，既可以增加农民的收入，又可以绿化荒山、荒地，从而达到改善环境的目的。使用生物能源可以降低环境污染，使印度能遵守更加严格的环境保护标准。农民生产的甘蔗及其副产品可以得到充分再利用。发展生物能源还可以改善农村就业现状和提高农民的生活水平。

4.2.2 巴基斯坦农村能源发展现状

巴基斯坦占地面积796 095km^2，人口1.8亿人口，其中约62%为农村人口。随着经济的发展，巴基斯坦面临着长期能源短缺的紧张局面，能源已经成为制约巴基斯坦经济发展的瓶颈，巴基斯坦的产能严重依赖进口石油，每年需要进口145亿美元的石油，耗费大量的宝贵外汇。巴基斯坦电力资源存在长期结构性问题，电力资源对于石油和天然气的依存度较高。作为贫油国，巴基斯坦政府从确保能源主权的长远战略出发，为减少对石油资源的依赖和减轻对全球气候的影响，在2030年能源战略规划中，政府把可再生能源发电放在重要的战略地位，彩插图

4-8是巴基斯坦的能源消耗情况。

巴基斯坦蕴藏着丰富的可再生能源资源，水电蕴藏量约为4600万kW，主要集中在北部山区高位差堰河流和南部平原的低位差堰河流，目前大约开发14%（650万kW），主要在北部山区，其中5万kW的小水电为25.3万kW；巴基斯坦具有巨大的风能潜力，信德省1046km的海岸线蕴藏的风电能量约为5000万kW。一些地区50m高处风速达6.5m/s，风力发电机容量系数估计为23%~28%。巴基斯坦大部分地区，特别是在信德省、俾路支省和旁遮普省南部，一年中超过3000h光照时间，接收太阳辐射0.2万kW·h/m²，是全球日光照射较强的地区。巴基斯坦农业和畜牧业生产产生大量的副产品，包括农作物残余物和动物粪便，如甘蔗渣、稻米壳、秸秆和家畜粪等。大多数副产品已经回收，但多数没有被经济利用，没有经过处理。此外，城市固体垃圾目前仍然采用掩埋处理办法，而没有用来处理生产沼气或焚烧发电。巴基斯坦制糖厂已经利用甘蔗渣发电，并允许将多余的电并入国家电网，限额为70万kW。

4.3 东亚国家—俄罗斯农村能源发展现状

俄罗斯是世界能源大国，拥有丰富的能源储量，蕴藏着天然气、石油、水力、电能、核能、地热、风能和海洋能等丰富的资源。2001年年末，俄罗斯已探明的石油储量为97亿t，约占世界储量的6.4%，居世界第7位。但从潜在资源角度来看（即目前由于经济或技术原因还无法探明和开采的数量），俄罗斯的石油资源约占世界的14%，位居各国之首，其中3/4的资源集中在西伯利亚北部。俄罗斯拥有丰富的天然气资源。根据2001年年末的统计，俄罗斯拥有47.6万亿m³天然气，占世界已探明储量的30%，居世界首位。俄罗斯天然气主要产自西西伯利亚地区。目前西西伯利亚地区的天然气产量占俄罗斯天然气总产量的87%左右。俄罗斯东西伯利亚地区的天然气资源总量为31.8万亿m³。俄罗斯拥有世界硬煤储量的37%，居世界第1位，褐煤占世界储量的6%，居世界第5位。主要的煤炭产地分布在南西伯利亚、南萨哈盆地、彼特舒拉盆地以及东顿涅茨克盆地。俄罗斯远东地区的煤炭储量占全俄的60%。已勘探的煤田约有100个，确认储量为181亿t，其中65%为褐煤，35%为石煤（其中46%为焦煤），80%以上的预测资源和42%的确认储量集中在萨哈共和国。

俄罗斯能源丰富，但人均拥有量并不高。俄罗斯目前年人均能源消耗为6.3t固体燃料。如果将其全部转化为优质煤产生的热能来计算，相当于7000kcal/kg，多于欧洲人均4.7t水平。目前世界人均水平为3.3t。如果按国民能源拥有量来看，俄罗斯人均是美国和英国的2.5倍，至于动力所需的能源资源，天然气和石油占能源消耗总量的 80% 以上。在需求中热和电力保障占 47%，但应指出，热能在能源中占绝大部分（其中锅炉和分散供热占 17%）。俄罗斯每年出口占总量 1/3 的燃料，这反映了俄罗斯实际需求低于欧洲平均水平。

俄罗斯拥有庞大的石油和天然气储量，因此对新能源和清洁能源发展的重视不够。但近年来，俄罗斯开始积极发展应用先进清洁能源技术，俄罗斯核能发电技术一直处于领先地位。2009 年，俄罗斯联邦政府制定并通过《俄罗斯联邦2030 年前能源战略》，重点对新能源发展应用的前景规划和扶持政策做了相关规定。到 2030 年，俄罗斯要使新能源需求和使用占到整个能源消费结构的 15% 左右，依靠清洁能源生产的电力要占整个电力生产的 7%~10%，达到 1600 亿 kW·h 左右，太阳能、小水电及风能在整个清洁能源电力生产方面最具发展前景。同时，俄罗斯着手制定清洁能源投资鼓励计划，除了政府预算资金之外，还积极寻求私人投资，预计到 2020 年将动用 2.8 万亿卢布用于可再生能源发电的研发和投资。

4.4 中东欧国家—罗马尼亚农村能源发展现状

罗马尼亚能源资源丰富，是众多欧洲国家中拥有化石能源最多的国家，如天然气、原油和煤（主要为褐煤）。尽管罗马尼亚拥有欧洲 5% 的原油和最大的天然气和页岩储存，但仍需进口天然气。2010 年，进口的天然气占天然气总消耗量的 17%，其中 98% 是从俄罗斯进口的，原油进口量达到 66%，为此该国力图降低原油和天然气的对外依存度（彩插图 4-9）。国内可提供 70% 的一次能源需求，同时也注重核能的开发和利用，该国 19% 的电能是由 Cernavodǎ Nuclear Power Plant 的 2 个核反应器产生的。

罗马尼亚大多数的水力发电是通过在水库建坝产生的，发电量的多少受降水的影响。尽管罗马尼亚的可再生能源丰富，2010 年可再生能源仅占最终能源消费的 23.4%。罗马尼亚的电力供应主要由热—电供给，水电占供电量的 1/3。1999—2010 年罗马尼亚的一次能源量见表 4-1。

罗马尼亚的电力覆盖 99% 的城区和 95% 的农村地区，仅少数偏远地区未与国家电网联网。大部分乡村电网老化，需要进行升级，不能保证用电。现在用分散式布电代替变电网络来解决电能长距离输送的损失和费用高昂的问题。大一点的城镇大部分有热—电厂供电，由于管道隔热不良、腐蚀或缺乏维护管理，所以取暖费用很高，并且很多集中供热系统不能满足用热高峰的需求，或因长距离供热效果不佳，使得一些居民采用气体加热系统或烧木头的炉子来取暖。

表 4-1 1999—2010年罗马尼亚的一次能源量

	1999	2000	2001	2002	2003	2004	2005	2006	2007	2008	2009	2010
总能源消耗	36 556	36 374	37 971	36 480	39 032	39 048	37 932	39 571	39 159	39 799	34 328	34 817
煤	6 853	7 457	8 169	8 812	9 509	9 172	8 742	9 540	10 064	9 649	7 436	6 911
油	10 235	9 808	8 169	9 371	9 088	10 092	9 163	9 840	9 658	9 719	8 239	8 417
天然气	13 730	13 679	13 315	13 326	15 317	13 766	13 820	14 308	12 862	12 476	10 642	10 879
水能	1 503	1 212	1 172	1 136	952	1 320	1 489	1 212	1 195	1 115	11 164	1 573
核能	1 274	1 338	1 335	1 352	1 203	1 360	1 362	1 381	1 890	2 752	2 881	2 850
其他燃料	127	92	1 034	115	93	93	88	87	194	352	198	161
木材和农业废物	2 817	2 763	2 314	2 351	2 844	3 134	3 185	3 185	3 275	3 710	3 742	3 982
可再生能源	17	7	7	17	18	81	82	18	21	26	25	26
一次能源产量	27 890	28 191	29 022	27 668	28 192	28 095	27 154	27 065	27 300	28 799	28 034	27 428
煤	4 644	5 601	6 239	6 117	6 636	6 193	5 739	6 477	6 858	7 011	6 476	5 903
油	6 244	6 157	6 105	5 951	5 770	5 592	5 326	4 897	4 653	4 619	4 390	4 185
水能	1 574	1 272	1 284	1 381	1 141	1 421	1 739	1 580	1 370	2 339	1 361	1 769
核能	1 274	1 338	1 335	1 352	1 203	1 360	1 362	1 381	1 894	1 894	2 881	2 850
木材和农业废物	2 820	2 762	2 130	2 351	2 903	3 160	3 229	3 235	3 304	3 750	3 838	3 900
其他燃料	125	86	103	115	92	92	87	82	127	158	98	90
可再生能源	17	7	7	17	18	81	82	18	21	26	25	26

从 20 世纪 70 年代人们提倡使用可再生能源以来,罗马尼亚一直做得比较积极。罗马尼亚的可再生能源资源丰富(表 4-2)。

表 4-2 罗马尼亚的可再生能源

可再生能源		每年能源潜力	经济能源当量(ktoe)	应用
太阳能	热	60×10^6 GJ	1 433.0	热能
	光伏	1 200 GWh	103.2	电能
水能	总	40 000 GWh	3 440.0	电能
	<10MW	6 000 GWh	516.0	电能
风能		23 000 GWh	1 978.0	电能
生物质		318×10^6 GJ	7 594.0	热能
地热		7×10^6 GJ	167.0	热能

罗马尼亚利用可再生能源风、水、光伏、生物质发电,仅 2011 年利用可再

生能源获得 20 673GW·h 的发电量，占总耗电量的 27.055%（表 4-3）。2011 年注册的可再生能源发电生产厂家有 82 个，其中 42 家利用风能发电，32 家利用水能发电，4 家利用生物质发电和 4 家利用光伏发电，水力发电举足轻重。

表4-3　可再生能源发电量

RES-E 技术	GW·h
光伏	2
太阳热	0
沿海风能	290
远海风能	0
大型水电	18 992
小型水电	1 273
生物质	118
沼气	0
地热	0
合计	20 675

采用生物质、地热和太阳能供暖或降温。由表4-4可知，2010年热、冷（RES-H）各种技术所占市场份额约95%的生物质被用来采暖、做饭、热水等，剩余的被用于工业生产。统计数据表明，54%的热能由木材产生，其余由农业废弃物产生。尽管罗马尼亚是世界上最先大规模实施太阳能装置的国家，但目前太阳能发展程度最低。罗马尼亚从20世纪60年代开发地热，主要用于区域加热、理疗沐浴、温室升温等，目前地热还未得到完全开发。

表4-4　RES-H技术的能源构成

RES-H 技术	ktoe
生物质	415
太阳热能	5
地热能	18
热泵回收能	8
合计	446

按照京都议定书的要求，在罗马尼亚，交通用生物燃油用量日益增加。其生物燃料来源于葡萄、谷物、向日葵、大豆等农作物，虽然生物燃料潜力巨大，但是生产量非常小（163ktoe）。

为了促进可再生能源的生产，罗马尼亚实施了国家可再生能源实施计划，可再生能源一次能源相应增加（表4-5）。

表4-5　可再生一次能源的变化

可再生一次能源	1999	2000	2001	2002	2003	2004	2005	2006	2007	2008	2009	2010	2011
太阳热能	0	0	0	0	0	0	0	0	0	0	0	0	0
生物质和可再生固体废物	2 820	2 763	2 130	2 351	2 844	3 160	3 229	3 235	3 325	3 832	3 915	3 949	3 618
水能	1 573	1 271	1 283	1 380	1 140	1 420	1 737	1 578	1 373	1 479	1 336	1 710	1 266
地热	8	7	5	17	18	13	18	18	20	25	24	23	24
风能	0	0	0	0	0	0	0	0	0	0	1	26	24
合计	4 401	4 041	3 418	3 748	4 002	4 593	4 984	4 831	4 718	5 336	5 276	5 677	5 028

4.5　中东国家—伊朗农村能源发展现状

作为一个发展中国家,伊朗正面临着能源短缺和资源不均衡的困境。伊朗统计局 2011 年的数据表明,29% 的人口居住在农村并创造 11% 的国家 GDP,同时这些地区贡献 23% 的就业率和 80% 的食品。由表 4-6 可知,在伊朗农村,小于 20 户的村镇中,仍有不到 20% 的用户无电可用,并且每户的能源费用及其占家庭总开销的比重要高于市区居民。伊朗 97% 以上的电能是由化石能源提供的,可再生能源提供约 3% 的电能,国家存在化石能源过度消耗的问题。伊朗国会研究中心的调查表明,目标明确的削减能源消耗和能源涨价并不能抑制城市和农村的能源消耗(彩插图 4-10)。

表4-6　农村用电情况

	农村		电网供电		电气化程度(%)	
	村	家庭	村	家庭	村	家庭
>20 户	41 636	4 123 101	41 636	4 123 101	100	100
<20 户	13 093	146 121	12 480	138 022	88.6	94.5
合计	55 729	4 269 222	54 116	4 261 123	97.1	99.8

伊朗人均能源消耗比世界平均值高 68%,是日本的 14 倍,是印度和巴基斯坦的 4 倍。伊朗年能源消耗在世界排第 13 位,每年的能源相当于 15.5 亿 t 原油。2000—2010 年,40% 的能源为居民用能和商业用能,其次 28% 的能源为交通用能,20% 为工业用能。2011 年伊朗的能源效率为 522.9 美元,同期世界平均值为 884.0 美元,而每年的能源消耗增长 2 000~3 000MW。到 2020 年,全国的电能用量将高达 9 万 MW,其中风能和地下热源可分别提供 98MW 和 55MW 的电能。据 Tavanir Company 的调查数据表明,2014 年伊朗的总耗电为 20.595 1 亿 kW·h,核电、太阳能和风能占其中的 8.6%。

伊朗年太阳辐射量为 1 800~2 200kW·h/m², 高于世界平均值,90% 的国土的年平均光照天数大于 280d。伊朗利用太阳能分别建成了以下项目：Yazd 省 Dorbeed 村的 10kW 光伏发电装置、Semnan 省 Hosseinian 和 Moalleman 村 92kW 的光伏发电工程、位于 Shiraz 的 250kW 的太阳能发电工程、350units（1 400m²）太阳能热水器、农业用光伏泵、边境线用的光伏发电机和光伏路等（表 4-7）。

表 4-7　伊朗农村太阳能光伏发电装机容量

序号	省份	正在实施	已完成
1	East Azerbaijan	80	70
2	Ardebil	—	32
3	Esfahan	34	—
4	Boshehr	47	19
5	Charmahal va Bakhtiyari	—	48
6	Lorestan	—	101
7	Khorasan Razavi	26	—
8	South khorasan	116	30
9	Northk horasan	27	—
10	Khozestan	10	70
11	Zanjan	—	78
12	Semnan	—	29
13	Ghazvin	—	39
14	Ilam	96	—
15	Kurdistan	—	25
16	Kermanshah	—	43
17	Fars	15	43
18	Kerman	10	18
19	Gilan	54	5
20	Mazandaran	—	24
21	Golestan	3	—
22	Hamedan	36	—
	合计	554 KW	674KW

在伊朗东部和北部地区，风能的资源量约为 6 500MW。目前，在伊朗的农场风力发电的容量达到 75MW，主要是 Manjil 和 Roodbar wind farms，同时并入国家电网。计划未来发电量达到 90MW。

伊朗的水能资源量约为 5 万 MW，其中大约 7 670MW 已被开采和使用。全国有 3 000 多个地方可建设微型发电站，位于北部、西部和中部约 2 700 个村庄在附近半径 10km 以内就有潜在的可用水能。全国大、中、小、迷你型水电站分别有 6 个、12 个、12 个和 12 个。大型水力发电站的装机容量可达 100MW，占目前装机容量的 90% 以上，12 座小型发电站的装机容量为 46.5MW，12 座迷你发电站的总装机容量为 2.9MW。

伊朗的生物质能主要被用来生产沼气。研究显示，2008 年伊朗利用生物质产能，其量相当于 1.5 亿桶汽油，其中农林废弃物、市政垃圾、禽畜粪便和食品工业分别占 50%、15%、23%、2% 和 10%。农村沼气生产是非常重要的，其沼气工程的装机容量为 1.860MW，总装机容量为 1.665MW。

5 农村清洁能源技术在"一带一路"沿线 国家推广的可行性分析及建议

5.1 农村清洁能源技术在"一带一路"沿线国家推广的可行性分析

以"一带一路"战略的实施为契机,加强各国经济联系,推动区域经济融合,推动区域农村清洁能源市场一体化,实现农村清洁能源共同发展,消除发展鸿沟。

5.1.1 东亚地区俄罗斯农村清洁能源推广

俄罗斯是世界能源大国,蕴藏着丰富的石油、煤炭和天然气,电力网络较发达,是中国主要的能源进口国。基于其雄厚的一次能源储备,使俄罗斯对清洁能源的发展重视不够。但近几年,由于应对气候变化的压力逐渐增大,俄罗斯开始大力推进清洁能源发展,并计划到 2030 年,依靠清洁能源生产的电力要占整个电力生产的 7%~10%,达到 1 600 亿 kW·h 左右,而俄罗斯丰富的风能和太阳能资源将是其主要开发对象。

俄罗斯农村地区人口稀少,基础设施较差,用能方式粗放,对清洁能源以注重大装机容量的风力和规模化太阳能发电为主,适用于本国的农村清洁用能技术发展相对滞后。

中国具有成熟稳定、适用于散户模式的小型风电,以及太阳能热水器、太阳能暖房、太阳能灶的一整套技术装备。未来,可针对这几项技术与俄罗斯开展农村清洁能源的推广合作。

5.1.2 南亚、东南亚区域农村清洁能源推广

南亚、东南亚地区人口众多,经济、社会、历史与中国联系十分密切,但经济发展水平相对较低,城镇化进程缓慢,农村地区人口比例较高,贫富差距较大。

该区域石油、天然气资源较为丰富，与我国有着较长时间的能源进出口合作。

随着经济社会的发展，南亚、东南亚地区能源短缺问题日益突出，居民用能需求逐渐增加。农村清洁能源技术逐步受到各国政府的重视，但受农村地区基础设施条件、信息和资金等因素制约，发展不均衡，技术装备水平较差，在发展中有很多问题需要克服。

我国与南亚、东南亚区域农村清洁能源技术的推广合作可以是全方位的，在政府牵头、企业合作的前提下，在农村清洁能源发展模式，农村社区低碳建设规划、太阳能光热技术、生物质燃料、户用和规模化沼气工程、节能炉灶等技术和产品方面进行全方位的合作与推广。

该区域农村用能方式粗放，用能需求主要为发电、供热和炊事用能。我国农村清洁用能技术产品的推广可以遵循多能互补的原则，通过规划，利用不同农村社区资源禀赋和产业结构情况，因地制宜地开展分散模式的户用沼气池、太阳能热水器、节能炉灶等技术的推广，以及生物质固化成型燃料，规模化沼气工程、太阳能光伏发电、太阳能路灯等技术产品的推广合作，从而可有效地改善当地农村社区环境，建立循环用能模式，优化用能结构和水平，增强基础设施建设，增加当地就业。

5.1.3 中东、中东欧区域农村清洁能源推广

中东、中东欧地区能源储量丰富，经济发展较快，城镇化水平相对较高，对清洁能源的发展也十分重视，应用水平和实际运行情况良好，技术运用多样化，意在充分发掘本国可再生能源。但随着经济社会的快速发展，该区域国家用能结构调整和耗能总量不断上升，农村清洁能源技术仍有较大发展空间和市场需求。

我国农村低碳社区规划建设经验十分丰富，规划理念合理先进。可以通过两国企业间的合作，因地制宜，取长补短，针对生物质固化成型燃料、规模化沼气工程及其配套设施、规模化太阳能和风能发电的推广，共同推进该区域农村清洁能源循环模式的构建。

5.2 农村清洁能源技术在"一带一路"沿线国家推广的建议

当前，我国正在积极建设"一带一路"沿线国家的能源一体化市场，加强能源国际合作，提高安全保障能力，构筑能源合作伙伴，从而培育自由开放、竞争有序、稳定和谐的国际能源合作新格局。农村清洁能源技术的推广是构筑国际能源一体化市场的重要组成部分，所以，如何加快"一带一路"沿线国家农村清洁能源发展，推动能源技术和能源企业"走出去"，确保推广合作稳定顺利实施显

得尤为重要。

5.2.1 完善投融资机制

"一带一路"沿线国家以新兴经济体和发展中国家为主,农村基础设施发展滞后,受财政能力限制,许多国家不具备充足的投资资金,这为我国农村能源技术和企业的推广实施造成一定障碍。

首先,资源来源除部分来自政府专项基金外,应鼓励中国政策银行、亚洲基础设施投资银行、金砖国家发展银行、丝路基金、中亚区域经济合作机制等机构对"一带一路"农村清洁能源的建设、发展、投资进行帮助与扶持;此外,可以借鉴国外发达国家的融资方式,结合农村能源建设项目特点和风险,将标的物收益证券化,开发贷款证券化、自然证券化等创新金融产品,提供满足项目需求多样化、多层次的直接融资工具和金融产品。

5.2.2 推动多边交流合作

近年来,我国积极与周边地区和国家进行农村清洁能源技术领域的研讨与人才交流,加深对各国农村清洁能源发展及应用现状的了解和认识。这种交流是必要的,而且是卓有成效的,使技术研究和企业推广更富有针对性。

建议在"相互尊重、协商一致、循序渐进、稳步发展、相互开放"原则基础上,推动双边和多边能源合作,明确合作方向和目标,建立常态化的协商和磋商机制,充分发挥相关部门和企业的作用,加强技术、人才、产品的合作体系与平台建设,简化各国海关、银行、商检的办事程序,提高推广效率。

5.2.3 丰富双边合作内容

中国农村清洁能源技术在"一带一路"沿线其他国家的推广,不应仅仅局限于技术上的应用,而应该依托"一带一路"沿线国家的能源一体化市场的建设,融合技术、人才的交流合作,企业的投资、贸易、并购、参股、农村能源建设工程承接,劳务合作,技术服务与培训等方式,全方位、多角度地进行合作,从而带动清洁能源产品、技术、装备、服务的出口。

参考文献

蔡冠华，袁士春 . 2010. 渔船节能技术与方法探讨 [J]. 南通航运技术学院学报，9（3）：35-37.

陈利洪 . 2015. 中国生物质废弃物资源空间分布及其燃气潜力 [M]. 北京：中国农业出版社 .

陈墨 . 2017. 国五标准乙醇汽油的物化性质分析 [J]. 当代化工研究（2）：102-103.

仇延生 . 2000. 汽油的烯烃对发动机排放的影响 [J]. 石油炼制与化工，31（4）：40–45.

初玉松，王小菁，王晓梅 . 2016. 秸秆固化成型燃料技术的探索与应用 [J]. 农业开发与装备（6）：94.

戴丽 . 2015. 可再生能源的潜力股——浅层地热能 [J]. 节能与环保（7）：42-43.

范芳，蔡泽浩 . 2013. 生物能源研究新进展 [J]. 广东化工，40（13）：123-124.

范章豪，吴淑晶 . 2015. 燃料乙醇的发展现状及展望 [J]. 河南化工，32（11）：7-9.

方鸽 . 2015. 沼气提纯制取生物天然气发展前景分析 [J]. 河南科技（14）：105-106.

冯文生，李晓，康新凯，等 . 2010. 中国生物燃料乙醇产业发展现状、存在问题及政策建议 [J]. 现代化工，30（4）：8-12.

付娅琦，睢利铭，杨北方，等 . 2011. 生物质固体成型燃料的关键技术及可行性 [J]. 农业装备与车辆工程（5）：1-4.

高德忠，王昌东，李丽华，等 . 2004. 燃料乙醇的性能及生产工艺 [J]. 辽宁石油化工大学学报，24（2）：23-26.

高渊博，杨紫娟，张洁明，等 . 2016. 空气源热泵技术研究现状及发展 [J]. 区域供热（4）：101-104.

谷涛，于海明，田松柏 . 2005. 汽油高辛烷值添加组分的应用与发展 [J]. 石化技术与应用，23（1）：1-6.

谷雪曦，李欣 . 2016. 我国地热能直接利用产业现状及发展对策研究 [J]. 太阳能（8）：17-20.

郭丹 . 2016. 光伏发电现状及其环境效应分析 [D]. 北京：华北电力大学 .

郭岩，连普琛，拾静漪 . 2015. 乙醇燃料与合成气制乙醇催化剂研究进展 [J]. 内蒙古石油化工（1）：29-30.

国家发展和改革委员会，农业部．2017. 全国农村沼气发展"十三五"规划（发改农经〔2017〕178 号）

国家发展和改革委员会，农业部．2015-4-14. 2015 年农村沼气工程转型升级工作方案 [EB/OL]. http：//www. moa. gov. cn/sydw/stzyzz/sttzgg/201608/t20160831_5259853. htm.

国家发展和改革委员会．2007-8-31. 可再生能源中长期发展规划 [EB/OL]. http：//www. ndrc. gov. cn/zcfb/zcfbghwb/200709/t20070904_579685. html.

贺勇．2012. 耕作制度节能减排技术系列（上）[J]. 河南农业（3）：28.

胡明，刘英豪，朱仕坤，等．2015. 农村分散污水处理技术评价研究 [J]. 中国给水排水，12：16-21.

胡启春．2008. 农村生物质能利用发展模式分析 [J]. 生物质化学工程，42（3）：26-30.

黄诗铿．2006. 我国粮食供求态势与燃料乙醇原料选择 [J]. 中国食物与营养（4）：36-38.

贾敬敦，马隆龙，蒋丹平，等．2014. 生物质能源产业科技创新发展战略 [M]. 北京：化学工业出版社．

简相坤，刘石彩．2013. 生物质固体成型燃料研究现状及发展前景 [J]. 生物质化学工程，47（2）：54-58.

焦思明．2010. 北京农村新能源利用模式与节能减排效果研究 [D]. 北京：建筑工程学院．

金伟，仓万虎，李怀正，等．2011. 沼气的利用方法及液化压缩应用分析 [J]. 中国沼气，29（2）：13-18.

井天军，杨明皓．2008. 农村户用风、光、水互补发电与供电系统的可行性 [J]. 农业工程学报，24（7）：178-181.

雷齐玲．2015. 燃料乙醇技术研究现状和发展趋势分析 [J]. 广州化工，43（5）：42-43.

李德孚．2006. 中国户用微水电行业发展与建议 [J]. 中国农村水电及电气化（6）：59-61.

李顶杰，朱建军．2016. 生物柴油产业的发展现状与对策建议 [J]. 中国石油和化工经济分析（9）：39-42.

李海英，王东胜，廖文根．2010. 微水电发展综述 [J]. 中国水能及电气化（6）：13-23.

李杭斌．2015. 刍议农村微型水力发电技术的进展及发展趋势 [J]. 科技创新与应用，3：140-142.

李宁．2015. 广义空气源热泵在中国的适用性研究 [D]. 北京：清华大学．

李素花，代宝民，马一太．2014. 空气源热泵的发展及现状分析 [J]. 制冷技术，34（1）：42-48.

李英丽，王建，程晓天．2013. 生物质成型燃料及其发电技术 [J]. 农机化研究（6）：226-229.

李仲来，魏明华．2008. 燃料乙醇的生产及应用概况 [J]. 化工设计通讯，34（3）：53-60.

刘畅．2016. 农村沼气能源开发路径研究——以鄱阳湖生态经济区为例 [D]. 南昌：南昌大学．

刘军．2008. 燃料乙醇原料利用的比较分析 [J]. 新西部（10）：40-41.

刘显明，李和平，贠小银，等．2009. 沼气发电技术工艺及余热利用技术 [J]. 华电技术，31（2）：74-78.

刘萧凌．2012. 辉县市农村户用沼气池利用效益评价研究 [D]. 成都：四川农业大学．

刘晓，熊云，许世海，等 . 2010. 乙醇柴油性能研究 [J]. 石油炼制与化工，41（5）：71-76.

刘新宇 . 2010. 城市和农村沼气发展模式的比较分析 [J]. 中国人口·资源与环境，20（3）：302-305.

刘亚良 . 2017. 关于中国农村清洁能源发展及建议的分析 [J]. 农业与技术，37（3）：168-169.

龙新峰 . 2004. 太阳能烟囱式热力发电技术进展 [J]. 广东电力，1：1-5.

罗娟，侯书林，赵立欣，等 . 2010. 典型生物质颗粒燃料燃烧特性试验 [J]. 农业工程学报，26（5）：
    220-226.

罗晓东，刘宏波，肖金华 . 2014. 生物燃气生产技术的研究与应用 [J]. 煤气与热力，34（7）：22-28.

罗志刚 . 2016. 生物质能沼气化有效利用技术分析 [J]. 低碳世界，28：263-264.

马欢 . 2006. 燃料乙醇的研究进展及存在的问题 [J]. 新能源与工艺（2）：29-33.

马立新，田舍 . 2006. 我国地热能开发利用现状与发展 [J]. 中国国土资源经济（9）：19-22.

马丽丽，沈伟，胡松，等 . 2016. 乙醇脱水制乙烯工艺流程模拟研究 [J]. 计算机与应用化学，33（5）：
    563-568.

马伟斌，龚宇烈，赵黛青，等 . 2016. 我国地热能开发利用现状与发展 [J]. 中国科学院院刊，31（2）：
    199-207.

马一太，邢英丽 . 2003. 我国水力发电的现状和前景 [J]. 能源工程，4：1-4.

缪仁杰，李淑兰 . 2007. 太阳能利用现状及发展前景 [J]. 应用能源技术，5：28-33

庞忠和，胡胜标，汪集旸 . 2012. 中国地热能发展路线图 [J]. 科技导报，30（32）：3-10.

清华大学建筑节能研究中心 . 2016. 中国建筑节能年度发展研究报告 2016[M]. 北京：中国建筑
    工业出版社 .

宋戈 . 2010. 新农村能源利用与开发 [M]. 北京：中国社会出版社 .

宋玉琴，毕阳 . 2016. 节能砖与农村节能建筑市场转化项目 [J]. 公共服务与管理（7）：42-44.

孙姣，李果，陈振斌 . 2014. 沼气净化提纯制备车用燃气技术 [J]. 现代化工，34（4）：161-166.

孙丽英，田宜水 . 2010. 东盟国家生物质能源发展比较研究及对我国启示 [J]. 中国人口·资源与
    环境，20（5）：80-83.

孙平，江清阳，袁银南 . 2003. 生物柴油对能源和环境影响分析 [J]. 农业工程学报，19（1）：
    187-191.

孙智勇，魏明锐，刘近平，等 . 2017. 乙醇—柴油混合燃料燃烧和颗粒尺寸分布 [J]. 内燃机学报，
    35（2）：125-130.

佟昕，董媛媛 . 2012. 我国风能资源与风电产业发展 [J]. 节能科技（6）：25-27.

王波，李越 . 2013. 农村能源发展新模式——四川省井研县农村沼气发展现状及问题分析 [J]. 农
    村经济，11：81-84.

王常文，崔方方，宋宇 . 2014. 生物柴油的研究现状及发展前景 [J]. 油脂化工，39（5）：44-48.

王东胜，廖文根 . 2010. 微水电发展综述 [J]. 中国水能及电气化（6）：13-23.

王飞，蔡亚庆，仇焕广 . 2012. 中国沼气发展的现状、驱动及制约因素分析 [J]. 农业工程学报，

28（1）：184-189.

王钢，刘伟，王欣，等 .2007. 我国沼气技术的利用现状与前景展望 [J]. 应用能源技术，12：31-33.

王莉莉，吴崇珍 .2004. 直接醇类燃料电池工作原理及研究进展 [J]. 河南化工，7：5-9.

王全辉 .2015. 节能砖与农村节能建筑市场转化项目在我国农村示范推广取得显著成果 [J]. 砖瓦世界（8）：5-6.

王婷 .2012. 农村生活节能技术之农村省柴节煤炉、灶、炕技术 [J]. 河北农业，3：45-46.

王喜魁，陈正举 .2010. 高效风轮发电机新技术研究进展 [J]. 沈阳工程学院学报（自然科学版），6（2）：106-110.

王肖涛 .2011. 我国太阳能电池产业发展现状、问题及对策浅析 [J]. 轻工标准与质量，2：9-11.

王玉美 .2015. 燃料乙醇生产现状分析 [J]. 酿酒（5）：94-98.

王志峰，原郭丰 .2016. 分布式太阳能热发电技术与产业发展分析 [J]. 中国科学院院刊，31（2）：182-190.

翁天航 .2013. 燃料乙醇产业竞争力的国际比较及发展前景预测 [D]. 杭州：浙江大学 .

吴福祥 .2016. 直接乙醇燃料电池 PtSn/C 电催化剂的制备及电化学性能研究 [D]. 北京：北京工业大学 .

吴晶，程可可，张建安 .2015. 中国非粮燃料乙醇发展现状及展望 [J]. 酿酒，42（6）：26-31.

吴再兴，陈玉和，包永洁，等 .2014. 生物质固化成型燃料生产现状与发展对策 [J]. 浙江林业科技，34（4）：83-87.

献军，许京，刘近平，等 .2016. 柴油机燃用柴油 / 乙醇混合燃料的颗粒排放特性 [J]. 华南理工大学学报，44（9）：144-150.

肖运来，常瑞甫，洪仁彪，等 .2007. 全球可再生能源发展现状与趋势 [J]. 新能源产业（1）：5-11.

谢小天 .2016. 生物质固体成型燃料技术路线生命周期环境影响评价 [D]. 青岛：青岛科技大学 .

新浪地产 .2016-4-21. "十三五"太阳能光热面临七大挑战 [EB/OL]. http：//news. dichan. sina. com. cn/2016/04/21/1190297. html.

徐德林，欧朝东 .2010. 太阳能低温储粮新技术 [J]. 粮食与食品工业，17（5）：40-50.

徐礼德，仝允桓 .2011. 中国农村清洁能源发展分析及建议 [J]. 中国人口·资源与环境，21（7）：20-27.

徐文勇，李景明，王久臣，等 .2016. 我国沼气发展的区域差异及影响因素分析 [J]. 可再生能源，34（4）：628-632.

徐彦明 .2014. 中国节能砖与可持续发展 [J]. 砖瓦世界（5）：11-18.

闫世刚 .2013. 世界城市清洁能源发展模式及借鉴 [J]. 科技管理研究，13：52-55.

杨波，谭章禄 .2011. 我国可再生能源发展路线浅析 [J]. 开发研究（4）：64-67.

杨天华 .2016. 新能源概论 [M]. 北京：化学工业出版社 .

杨宇，虞华 .2008. 农村能源消费结构及新能源开发利用——基于盐城市第二次农业普查资料 [J].

中国发展观察，9：37-40.

殷桂梁，张圣明.2012.微型水力发电机组系统建模与仿真 [J].电网技术，2（36）：147-152.

殷剑，周赞.2014.试析我国风能发展和利用前景 [J].科技创业家（2）：159.

于航，周林，袁鹏.2009.中国燃料乙醇产业发展概况 [J].粮食与食品工业，16（4）：34-37.

袁林娟，张昕，贺向丽，等.2011.农村微型水力发电技术进展及发展趋势 [J].中国农村水利水电，
　7：147-152.

袁善美，朱昱，倪红军，等.2011.直接乙醇燃料电池研究进展 [J].化工新型材料，39（1）：15-18.

张宝心，姜月，温懋.2015.生物质成型燃料产业研究现状及发展分析 [J].能源与节能（2）：67-69.

张得政，张霞，蔡宗寿，等.2016.生物质能源的分类利用技术研究 [J].安徽农业科学，44（8）：
　81-83.

张慧.2014.泰国："追气"之痛 [J].能源（1）：84-85.

张丽丽.2016.生物燃料乙醇技术现状及产业化发展前景 [J].炼油与化工，27（4）：4-6.

张鸣剑，李润源，代红云.2008.太阳能多晶硅制备新技术研发进展 [J].新产业材料，6：29-33.

张文彬，蔡葆，徐艳丽.2010.我国生物燃料乙醇产业的发展 [J].中国糖料（3）：58-67.

张文毓.2016.生物柴油的研究与应用进展 [J].化学与粘合，38（2）：143-146.

张无敌，田光亮，尹芳，等.2014.农村能源概论 [M].北京：化学工业出版社.

张玉玺.2016.生物乙醇原料的发展现状及展望 [J].当代化工研究（4）：43-44.

章文.2009.乙醇脱水制乙烯技术工业应用成功 [J].石油炼制与化工，40：62-62.

章永松，柴如山，付丽丽，等.2012.中国主要农业源温室气体排放及减排对策 [J].浙江大学学报，
　38（1）：91-107.

赵婷婷，胡亚楠，孙玉兰.2015.燃料乙醇的发展及应用研究 [J].当代化工（10）：2 374-2 376.

赵新波，祝诗平，等.2009.沼气研究和利用的现状与发展趋势 [C].自主创新与持续增长第
　十一届中国科协年会论文集.

郑方能，封颖.2011.确立清洁能源国际科技合作国家战略的思考与建议 [J].中国软科学，4：
　125-129.

中国行业研究网.2013-11-29.浅析：我国风能产业发展面临四道坎 [EB/OL].http：//www.
　chinairn.com/news/20131129/135818528.html.

中国能源发展战略研究组.2014.中国能源发展战略选择 [M].北京：清华大学出版社.

中国能源研究会.2016.中国能源展望 2030[M].北京：经济管理出版社.

中华人民共和国国家质量监督检验检疫总局，中国国家标准化管理委员会.2013.变性燃料乙醇
　（GB18350—2013）[M].北京：中国标准出版社.

中华人民共和国国家质量监督检验检疫总局，中国国家标准化管理委员会.2015.车用乙醇汽油
　（GB18351—2015）[M].北京：中国标准出版社.

仲新源.2015 年中国风电装机容量统计简报 [EB/OL].http：//www.cnenergy.org，2016-04-05.

仲新源 . 2016-04-05. 2015 年中国风电装机容量统计简报 [EB/OL]. http：//www. cnenergy. org，

周大兵 . 2000-9-21. 中国水电大有可为 [N]. 中国电力报（001）.

周锦，李倩 . 2013. 新能源技术 [M]. 北京：中国石化出版社 .

周炫 . 2014. 我国目前节能砖生产和使用现状 [J]. 砖瓦世界（5）：19-21.

朱传庆，邱楠生，常健，等 . 2016. 我国地热资源产业现状及地热学教育发展前景 [J]. 中国地质
    教育，25（3）：1-4.

朱军平，黄振侠，邹昌谆，等 . 2008. 吉安县农村小型沼气工程集中（联户）供气模式 [J]. 中国沼气，
    26（1）：34-36.

朱明，王革华 . 2008. 中国农村能源行业 2007 年发展报告（摘登）[J]. 农业工程技术（新能源产
    业），2：5-8.

邹晓霞，万云帆，李玉娥，等 . 2010. 我国农村太阳能资源利用节能减排效果研究 [J]. 可再生能源，
    28（3）：93-98.

Alexey O，Pristupa，Arthur P J Mol. 2015. Renewable energy in Russia: The take off in solid
    bioenergy?[J].Renewable and Sustainable Energy Reviews，50：315-324.

Ashira Roopnarain，Rasheed Adeleke. 2017.Current status，hurdles and future prospects of biogas
    digestion technology in Africa[J].Renewable and Sustainable Energy Reviews，67：1162-1179.

Ershad Ullah Khan，Andrew R，Martin. 2016.Review of biogas digester technology in rural
    Bangladesh[J].Renewable and Sustainable Energy Reviews，62：247-259.

Fernando Roxas，Andrea Santiago. 2016. Alternative framework for renewable energy planning in
    the Philippines[J].Renewable and Sustainable Energy Reviews，59：1 396-1 404.

George 2002. Feasibility study of a hybrid wind hydro power-system for low-cost electricity
    production[J]. Applied Energy，72：599-608.

Gu Zhihua. 2006. Technology present situation and prospects of ethanol to ethylene[J]. Chemical
    Progress，25（8）：847-851.

Lanre Olatomiwa. 2016. Optimal configuration assessments of hybrid renewable power supply for
    rural healthcare facilities[J].Energy Reports，2（C）：141-146.

Liangwei Deng，Yi Liu，Dan Zheng，et al. 2017. Application and development of biogas
    technology for the treatment of waste in China[J]. Renewable and Sustainable Energy Reviews，
    70：845-851.

Liyuan Deng，May-Britt Häg. 2010. Techno-economic evaluation of biogas upgrading process using
    CO2 facilitated transport membrane[J]. International Journal of Greenhouse Gas Control，4：638-
    646.

Mingyou WANG，Weidong SONG，Jinji WU，et. al. 2016. Research Progress of Biomass Fuel
    Composite Molding Technoligy[J]. Agricultural Science & Technology，17（1）：175-177.

Nashmil Afsharzade, Abdolhamid Papzan, Mehdi Ashjaee, et al. 2016. Renewable energy development in rural areas of Iran[J].Renewable and Sustainable Energy Reviews, 65 : 743-755.

Qiu Chen, Tianbiao Liu. 2017. Biogas system in rural China : Upgrading from decentralized to centralized?[J]. Renewable and Sustainable Energy Reviews, 78 : 933-944.

Rahul Kadam, N L Panwar. 2017. Recent advancement in biogas enrichment and its applications[J]. Renewable and Sustainable Energy Reviews, 73 : 892-903.

Ramchandra Pode, Gayatri Pode, Boucar Diouf. 2016. Solution to sustainable rural electrification in Myanmar[J].Renewable and Sustainable Energy Reviews, 59 : 107-118.

Sofia Elena Colesca, Carmen Nadia Ciocoiu. 2013. An overview of the Romanian renewable energy sector[J].Renewable and Sustainable Energy Reviews, 24（10）:149-158.

Sonal Sindhu, Vijay Nehra, Sunil Luthra. 2016. Identification and analysis of barriers in implementation of solar energy in Indian rural sector using integrated ISM and fuzzy MICMAC approach[J].Renewable and Sustainable Energy Reviews, 62 : 70-88.

Susan Byrne, Bernadette O'Regan. 2016. Material flow accounting for an Irish rural community engaged in energy efficiency and renewable energy generation[J].Journal of Cleaner Production, 127 : 363-373.

Z Xu, M Nthontho, S Chowdhury. 2016. Rural electrification implementation strategies through microgrid approach in South African context[J].Electrical Power and Energy Systems, 82 : 452-465.

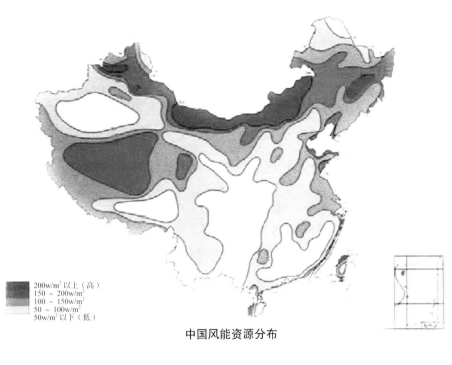

200w/m² 以上（高）
150～200w/m²
100～150w/m²
50～100w/m²
50w/m² 以下（低）

中国风能资源分布

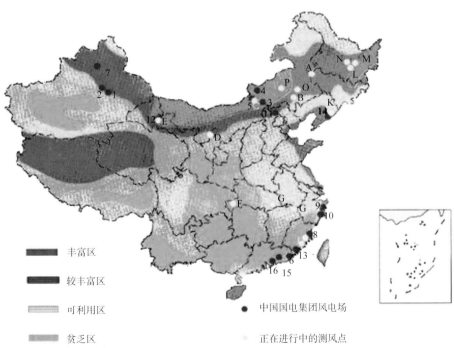

丰富区

较丰富区

可利用区

贫乏区

中国国电集团风电场

正在进行中的测风点

彩插图 3-1　中国风能资源分布

1

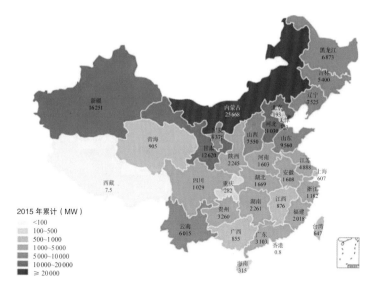

彩插图 3-2　2015 年中国各省（自治区、直辖市）累计风电装机容量

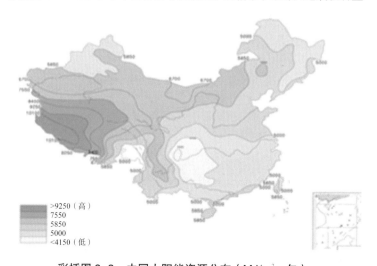

彩插图 3-3　中国太阳能资源分布（MJ/m² · 年）

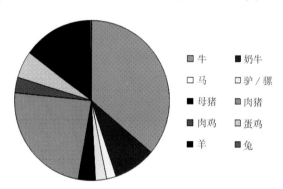

彩插图 3-4　中国畜禽粪便资源组成比例

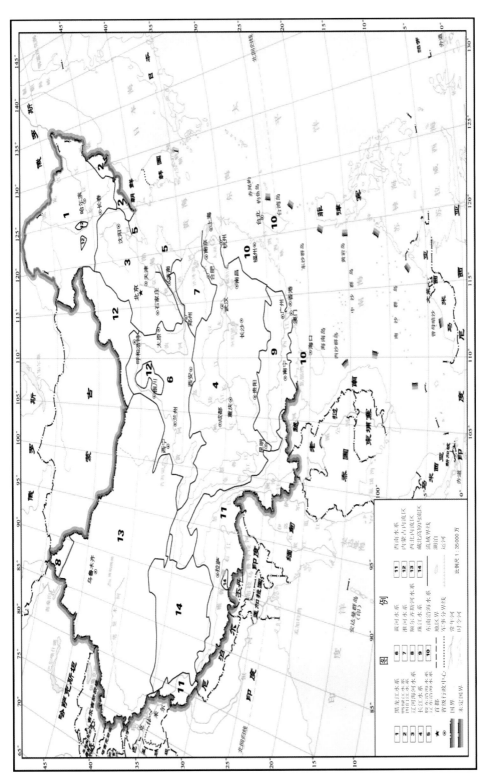

彩插图 3-5 中国水系分布情况

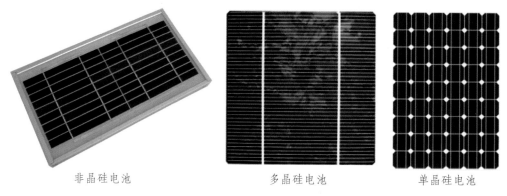

非晶硅电池　　　　　多晶硅电池　　　　　单晶硅电池

彩插图 3-6　三种电池示意图

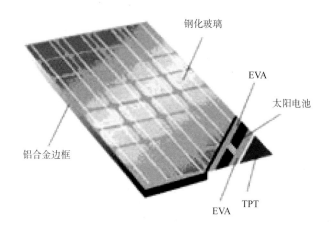

彩插图 3-7　太阳能电池板结构图

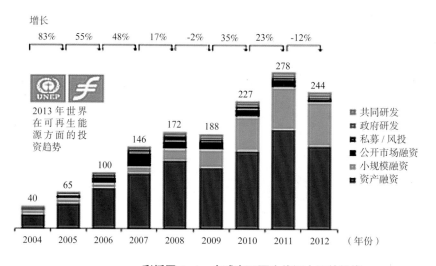

彩插图 4-1　全球在可再生能源方面的投资

彩插图 4-2　"一带一路"沿线国家分布图

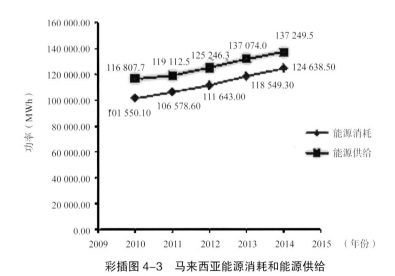

彩插图 4-3　马来西亚能源消耗和能源供给

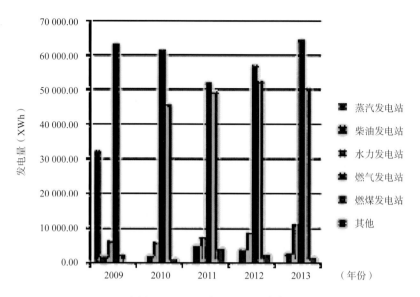

彩插图 4-4　马来西亚不同发电量的份额

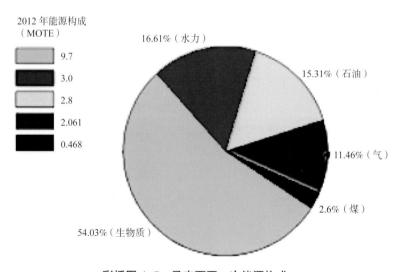

彩插图 4-5　马来西亚一次能源构成

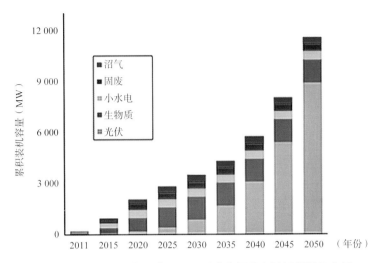

彩插图 4-6　2011—2050 年马来西亚可再生能源发电量累积装机容量

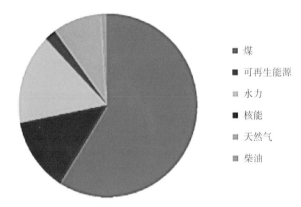

彩插图 4-7　印度的能源结构

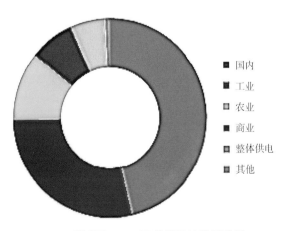

彩插图 4-8　巴基斯坦的能源消耗

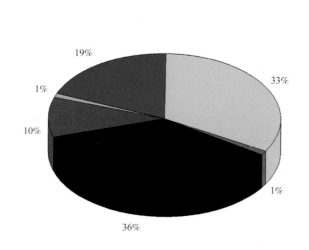

水电
天然气
油
核电
煤
其他

彩插图 4-9　罗马尼亚国内一次能源需求

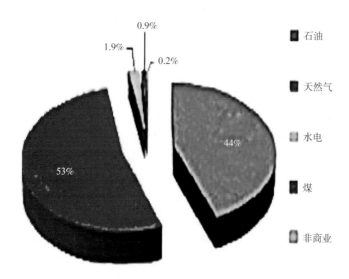

石油

天然气

水电

煤

非商业

彩插图 4-10　伊朗能源消耗比重